江西理工大学清江学术文库

锌精矿氧压浸出工艺中
镓锗行为及回收

XINJINGKUANG YANGYA JINCHU GONGYI ZHONG
JIAZHE XINGWEI JI HUISHOU

刘付朋 / 著

中南大学出版社
www.csupress.com.cn
·长沙·

图书在版编目（CIP）数据

锌精矿氧压浸出工艺中镓锗行为及回收／刘付朋著.
—长沙：中南大学出版社，2022.10
ISBN 978-7-5487-4957-8

Ⅰ．①锌… Ⅱ．①刘… Ⅲ．①硫化锌—精矿—高压浸
出—研究 Ⅳ．①TF813.032.1

中国版本图书馆 CIP 数据核字（2022）第 112128 号

锌精矿氧压浸出工艺中镓锗行为及回收
XINJINGKUANG YANGYA JINCHU GONGYI ZHONG JIAZHE XINGWEI JI HUISHOU

刘付朋　著

□出 版 人	吴湘华		
□责任编辑	潘庆琳		
□责任印制	唐　曦		
□出版发行	中南大学出版社		
	社址：长沙市麓山南路		邮编：410083
	发行科电话：0731-88876770		传真：0731-88710482
□印　　装	湖南省汇昌印务有限公司		

□开　　本	710 mm×1000 mm 1/16	□印张 12	□字数 208 千字
□版　　次	2022 年 10 月第 1 版		□印次 2022 年 10 月第 1 次印刷
□书　　号	ISBN 978-7-5487-4957-8		
□定　　价	68.00 元		

图书出现印装问题，请与经销商调换

前 言

　　硫化锌精矿伴生稀散金属镓、锗、铟等，采用传统常规湿法炼锌较难实现此类稀散金属的高效、经济、环保回收。鉴于此，目前国内某冶炼厂于 2008 年引进了加拿大 Sherritt 两段逆流加压浸出技术处理锌精矿，并于 2009 年投产。但在工业化生产中仍存在镓、锗总回收率偏低、中间产物处置难、流程长、有价金属回收成本高等行业共性难题。在此背景下，国内外研究人员针对硫化锌精矿、湿法炼锌中间物料中镓、锗资源的高效回收，开展了颇为广泛的研究，提出了一些各具特色的回收工艺，进一步加深了对湿法炼锌过程镓、锗行为走向的认识。目前许多报道的研究仅关注工艺参数对镓、锗浸出率或回收率的影响，未能就深层次的问题进行系统研究，如原料中镓、锗的赋存形态、硅、铁及有机物对镓、锗浸出行为的影响机制。基于以上研究现状，本书系统研究了硫化锌精矿、复杂中间物料浸出工艺中镓、锗的行为走向及关键影响因素，揭示了镓、锗的浸出规律，优化了浸出工艺参数。此外，本书还进一步优化现有的氧压浸出工艺，系统探讨选择性吸附法代替锌粉置换富集法可行性，以解决当前镓、锗等稀散金属综合回收率不高、技术经济指标不佳的问题，为湿法炼锌溶液中镓、锗的高效回收奠定基础。本书的出版旨在让这些研究成果更系统地呈现给相关领域的科研人员和技术人员。

　　本书共 7 章，第 1 章综述了镓锗资源、火法和湿法炼锌中镓锗的行为、炼锌中间产物镓锗主要回收工艺研究进展；第2章介绍了镓锗综合回收相关的试验方法和研究手段；第3章采用电子探针、化学物相分析手段确定镓锗在硫化锌精矿及中间产物的赋存状态；第4章介绍了硫化锌精矿氧压浸出过程关键影响因素及镓锗浸出率偏低的主要原因；第5章介绍了中间产物锌粉置换渣高效浸出工艺的探索与选择，解决高硅、高铁物料镓锗难以分离的技术难题；第6章介绍了富镓锗浸出液中镓锗萃取选择性萃取分离，解决了硫酸锌溶液镓锗难以高效富集分离难题；第7章介绍了吸附法从氧压浸出液分离镓、锗的新方法，实现镓锗的短流程回收。

本书研究内容基于作者本人攻读博士学位期间的研究成果，在此特别感谢刘志宏教授的指导。同时，本书还介绍了作者在近几年取得的最新研究成果，这些成果的取得离不开江西理工大学闪速绿色开发与循环利用研究团队的支持和帮助。本书所介绍的研究成果是在国家自然科学基金(No.51804141)、国家博士后基金(No.2019M662269)、江西省闪速绿色开发与循环利用重点实验室项目(No.20193BCD40019)的支持下取得的，在此一并致以诚挚的感谢。

由于作者水平有限，书中不足之处，恳请广大读者予以指正。

刘付朋

2022 年 6 月

目 录

第1章

锌冶炼过程镓锗的行为及回收研究进展

1.1　镓、锗概述

1.1.1　镓、锗的性质及主要化合物

镓、锗均为稀散金属，分别属于第四周期的ⅢA族、第ⅣA族元素，相对原子质量分别为69.72、72.64。镓，在固态时呈淡蓝色，属斜方晶系结构；在液态时呈银白色，属六方晶系结构。锗，具有银灰色光泽的脆性金属，属于金刚石型面心立方结构。镓的熔点较低，在29.7℃即可熔化，且其熔点随压强的增大而降低；而锗的熔点为937℃。镓、锗原子内部结合力较强，但原子间结合力较弱，这使得镓、锗熔化要克服原子内部强大的结合力，需要较高能量，故镓、锗的沸点均较高，分别为2403℃、2830℃。镓在低温时具有超导性，同时也可与铌、钒、锆等金属形成具有较好超导性的合金。锗属于半金属，具有半导体的性质。高纯锗不导电，但向高纯锗中掺杂ⅤA族元素和ⅢA族元素分别可形成"N型锗晶体"和"P型锗晶体"，可显著提高其导电性。在常温下，镓、锗均不与空气、氧和水等起作用，且与盐酸、硫酸、氢氟酸等无机酸作用缓慢，但两者均溶于热的硫酸、王水和盐酸中。另外，镓可溶于碱和氨中；而锗较难溶于碱中，但在碱性体系中添加氧化剂可实现锗的溶解。镓氧化物主要有 Ga_2O_3、

Ga_2O、GaO，但在高温下仅 Ga_2O_3 稳定，而 Ga_2O、GaO 在温度高于 600℃ 时均易挥发。此外，Ga_2O_3 为两性氧化物，在酸碱中均易溶解。锗氧化物主要为 GeO、GeO_2，在温度高于 550℃ 时，GeO 在空气中氧化为 GeO_2。GeO_2 晶体结构主要有六方晶系、正方晶系和无定型玻璃体，其中正方晶系的 GeO_2 性质较为稳定，在酸碱中较难溶解。$GaCl_3$ 和 $GeCl_4$ 分别为镓、锗可稳定存在的氯化物，其沸点分别为 201.3℃ 和 82~84℃，均远低于相应的单质及氧化物，利用这一性质可实现镓、锗的分离与提纯。镓的硫化物（Ga_2S_3、Ga_2S、GaS、Ga_4S_5）和锗的硫化物（GeS、Ge_2S_3、GeS_2）均可溶于热酸、热碱，特别是氧化剂存在的酸、碱中。镓、锗的化合物具有优异的光电性能，被广泛用于半导体制造，如 GaAs、GaN、Nb_3Ge、$Si-Ge_{10}$ 等。

1.1.2　镓、锗的生产与应用

稀散金属镓、锗因其优良的光电性能，成为全球战略性资源。从全球镓、锗的产业链（图 1-1）可知，目前镓、锗的原材料初级产业主要集中在粗镓、区熔锗锭、二氧化锗、四氯化锗的生产；深加工产业主要集中在砷化镓、氮化镓、锗单晶片、光纤用四氯化锗的生产；元部件产业主要集中在电子器件、铜铟镓硒薄膜、锗衬底片、红外镜头、光纤预制棒、PET 催化剂的生产。当前，中国是原生镓、锗的主要生产国，在全球镓、锗的初级产业中占有较大的市场份额，但中下游高附加值产业与美国、日本、德国、韩国等发达国家仍然有较大差距，国内镓、锗的高端产业仍亟需提高。

随着高新技术产业的高速发展，镓、锗的应用日益广泛。镓系列化合物半导体 GaAs、GaN 可用来制作中红外光量量振荡器、微型激光雷达、场效应晶体管、微波元件、红外发光二极管、集成电路、高速晶体管、太阳能电池等电子器件。这些性能优异的元部件主要用于遥控、导航、通信、传感器、军事控制仪表、超高速电子计算机、现代农业计量仪表等高精尖设备的制造。另外，高纯镓可用于铜铟镓硒太阳能薄膜电池制造，其光电转换效率高于硅太阳能电池近 2 倍。GaAs、GaN、高纯镓的消费占全球镓消费量的 90% 以上。除此之外，镓也可用于制备金属与陶瓷的冷焊剂、汽车尾气和石油净化的催化剂、骨癌的诊断治疗药剂。锗的特殊能带结构使得其对 7~14 μm 波段红外光具有较高的透过率，因而锗在红外光学领域具有极大的发展潜力。锗红外材料（透镜、棱镜、滤光镜、整流器等）因具有低色散、高折射率、易加工、耐腐蚀、稳定性好等性

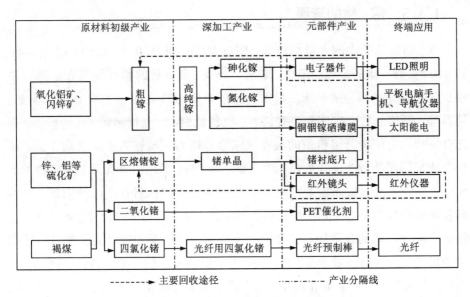

图 1-1　全球镓、锗的主要产业链

能，被广泛用于热成像仪、红外雷达、夜视仪、监控系统、显微镜等光学仪器上。红外光学用锗约占锗消费总量的 25%。掺锗石英光纤因具有抗干扰强、传输容量大、保密性好、耐腐蚀等优点，特别适于军事及重大民用通信领域，已成为全球重点研发的通信材料之一。锗在光导纤维领域的消费量占锗消费总量的 30% 以上。在电子工业，锗常用于制造晶体管、整流器、光电转换器等元件，这些元件因体积小、强度大、热辐射小等优点被广泛应用于电子计算机、精密控制仪器等设备中。1969 年后，硅器件逐渐替代了锗器件，使得锗目前在半导体器件上的用量降至锗消费总量的 5% 左右。锗因具有金属与半导体型的催化活性，还可作为聚酯纤维(PET)生产、石油净化的催化剂，其中 PET 催化剂用锗约占锗消费总量的 25%。另外，由于以锗作为衬底的太阳能电池具有较高的光电转换效率，使得锗在太阳能电池上的用量逐年增长，目前太阳能电池用锗占锗消费总量的 15% 左右。除上述用途外，锗还可用于医药器件、涂层材料、温度测量计的制备。

1.1.3 镓、锗的资源

镓、锗在地壳中的含量均较低，相对丰度分别为$(0.5\sim1.5)\times10^{-5}$、$(4\sim7)\times10^{-6}$。镓、锗的亲硫、亲铁、亲铜、亲硅、亲有机的特性使其在自然界中极少存在独立的镓、锗矿床。目前，已报道的镓独立矿床主要有硫镓铜矿、镓石等；而锗的独立矿床主要有锗石、硫锗铁铜矿、硫银锗矿、灰锗矿等，但迄今发现具有工业开采价值的独立矿床只有锗石和硫锗铁铜矿。由于镓、锗独立成矿的矿物较少，其主要伴生于铜、铅、锌、铁、铝等有色金属矿物及煤矿中，其分布及含量如表1-1所示。其中镓、锗在闪锌矿、硫砷铜矿、黝铜矿和煤矿中均有分布，其品位较高；而在铝土矿、长石、白云母、黄铁矿、方铅矿等矿物中镓的含量较高，锗的含量较少。自然界中镓、锗主要以类质同象的形式，少数以微量杂质的状态存在于铅锌矿、铝土矿、铁矿、铜矿、长石、白云母等矿物中；而在煤中，镓、锗主要以腐殖酸盐的形态存在。另外，除有色金属矿物和煤矿外，海水中也含有少量的镓、锗，其含量也分别在0.02 μg/L、0.05 μg/L左右。

随着镓、锗原生资源的日益匮乏，镓、锗的废旧电子物料(GaAs废旧电子器件、光纤废料、锗废半导体元器件)已成为当前镓、锗回收的主要再生资源。目前镓、锗的再生回收量分别占其消费总量的40%~50%、30%。

表1-1 镓、锗的主要伴生矿物及含量(g/t)

元素	闪锌矿	铝土矿	煤矿	黄铁矿	方铅矿	磁黄铁矿
Ga	5~1000	10~1100	10~100	1~100	1~300	5~100
Ge	1~350	—	10~1800	1~50	1~50	—
元素	黄铜矿	斑铜矿	黝铜矿	硫砷铜矿	长石	白云母
Ga	1~100	5~200	5~300	0~200	5~1000	5~1000
Ge	1~100	1~150	4~5000	500~1000	—	1~20

全球稀散金属镓、锗资源较为贫乏，特别是具备可回收价值的镓、锗资源更为稀缺。据美国地质调查局统计，目前世界上镓、锗的工业储量分别约为23万t、6000 t。中国是镓、锗的主要资源国，镓、锗的储量分别占全球镓、锗

资源总量的 41%、75%，因而我国的镓、锗资源相对较为丰富。四川攀枝花的钒钛磁铁矿中镓的储量高达 9.24 万 t，约占全国镓总储量的 50%；其次，德兴硫化铜矿中的镓约占总储量的 15%；另外，广东凡口铅锌矿、河南巩县铝土矿、湖南省的闪锌矿、云南省的煤矿或锡矿中均含有一定量的镓。我国锗资源主要分布在煤矿和铅锌矿中，其中内蒙古锗储量达 1626 t，为我国锗资源储量第一的省区；云南会泽铅锌矿中锗的储量达 1475 t、凡口铅锌矿中锗的储量达 427.8 t；另外，青海铜峪沟铜矿中也含有一定量的锗。这些镓、锗矿产资源成为我国当今镓、锗回收的主要原料。

1.2　湿法炼锌中镓、锗行为

自然界中极少存在镓、锗的独立矿床，镓、锗主要以类质同象的形式进入含 Fe^{2+}、Zn^{2+} 的硫化矿物中，如闪锌矿、黄铜矿、斑铜矿中。由于其结晶结构与共价键的相似性，且镓、锗本身具有亲硫的性质，使得 Ga、Ge 较易进入闪锌矿的晶格，某些硫化锌精矿中 Ga、Ge 的含量高达 0.01%。以硫化锌矿为主要原料的湿法炼锌工艺大体分为两类技术路线：1) 硫化锌精矿→焙烧→浸出→净化→电积；2) 硫化锌精矿→氧压浸出→净化→电积。现阶段，国内大多数的锌冶炼厂采用第一类工艺。根据锌焙砂浸出过程中终点酸度的不同，其浸出分为中性浸出和热酸浸出。为了解决铁的开路问题，热酸浸出又分为热酸浸出-针铁矿法、热酸浸出-赤铁矿法、热酸浸出-黄钾铁矾法。在第一类工艺中，硫化精矿须经焙烧，对环境影响较大，且有价金属的直收率不高。因而，20 世纪 80 年代，硫化锌精矿氧压浸出工艺开始发展，并在 1981 年在加拿大投入工业生产。该工艺取消了硫化锌精矿焙烧作业，真正实现了全湿法炼锌流程。

1.2.1　常规湿法炼锌

湿法炼锌常规浸出工艺原则流程如图 1-2 所示。在焙烧过程中，Ga、Ge 基本全部进入焙砂，少量进入烟尘，且焙砂中 95% 以上的 Ga、Ge 以类质同象的形式存于铁酸锌的晶格中。锌焙砂常规浸出主要目的是在低温、低酸条件下尽可能将锌焙砂中的锌溶解于溶液中，避免杂质进入溶液，实现锌的选择性浸出。采用常规浸出工艺，很难将锌焙砂中的铁酸锌溶解，致使 90% 以上的镓、锗，以及 20% 以上的锌在中性浸出渣中。为回收这部分锌，企业多采用回转窑烟化法处理。在烟化处理过程大部分锗进入氧化锌烟尘,但仍有 20% 以上的锗及大部分的镓进入炉渣中,造成了镓、锗的损失。另外,在中性浸出初期,由于酸度较高,有近 10%Ge 被浸出;随着焙砂的加入,部分溶解的 Ge 会随 pH 的升高而水解沉淀。在中性浸出终点(pH=5.0~5.2)时,水解析出的氢氧化铁胶体会无选择性地吸附 Ga、Ge,形成 Ga、Ge 的高聚体分子而沉淀,使得 Ga、Ge 再次进入中性浸出渣中。因此,控制适当的温度、铁浓度可实现 Ga、Ge 的完全沉淀。从以上分析可知,在湿法炼锌常规浸出工艺中,镓、锗分布较为分散,在浸锌渣、浸出液、挥发烟尘、炉渣等物料中均有分布。因而,实现镓、锗的高效回收较为困难。

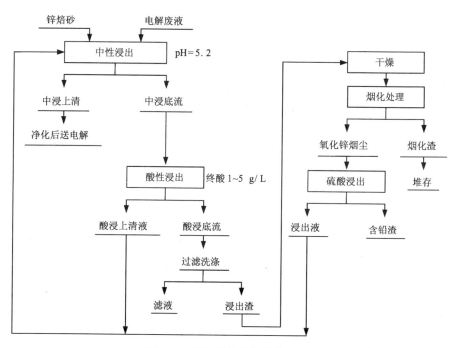

图 1-2 湿法炼锌常规浸出工艺

1.2.2 热酸浸出工艺

热酸浸出是在原常规浸出工艺的基础上增加高温、高酸浸出工序,目的是将中性浸出渣中的铁酸锌及其他尚未溶解的含锌化合物溶解,以进一步提高锌

的回收率，其工艺流程如图 1-3 所示。热酸浸出的操作条件一般为：始酸 100
~200 g/L；终酸 30~60 g/L；温度 85~95℃；时间 3~4 h。在热酸浸出条件下，
由于铁酸锌及其他化合物的溶解，浸出渣量较少，浸出渣中铅、银、金等金属
得到富集，而锌、铁、镓、锗等金属溶解进入浸出液中，有利于有价金属的进一
步回收。

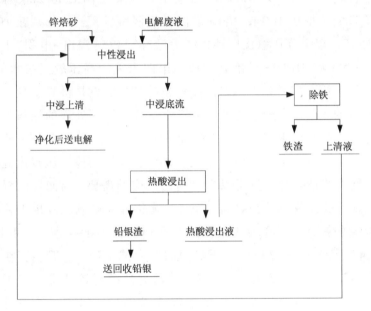

图 1-3　湿法炼锌热酸浸出工艺

　　在后续的除铁工艺中，热酸浸出液中的 Ga、Ge 少部分进入除铁渣。不同
的除铁方式，Ga、Ge 的损失率各不相同。梁铎强等研究了三种不同除铁方法
对 Ge 损失率的影响。采用黄钾铁矾法、针铁矿法、赤铁矿法除铁，当除铁率
70%时，Ge 的损失率分别在 8.0%、2.5%、1.5%左右。尽管三种除铁方式中锗
的损失率差异较大，但可以确定浸出液中大部分 Ga、Ge 进入除铁后液，经循
环、水解返回中浸渣，或经单独的水解沉淀使 Ga、Ge 富集在锗铁渣中。

1.2.3 氧压浸出工艺

硫化锌精矿氧压浸出工艺,是 20 世纪 70 年代加拿大 Sherritt Gordon 矿冶公司研究开发,并在 1981 年 Trail 冶炼厂投产。该工艺无须硫化锌精矿焙烧和制酸工序,得到的元素硫易于储存和运输,消除了二氧化硫的污染。基于上述优越性,加拿大 Kidd Greek 矿冶公司和德国 Ruhr Zink 炼锌厂分别设计了日处理精矿 100 t、300 t 的高压氧浸炼锌厂,并分别在 1983 年、1991 年投产。以上高压氧浸厂都是作为已有"焙烧-浸出-电积"工艺的配套工程。1993 年,HBMS 矿冶公司成为第四家采用高压氧浸技术的公司,同时是世界上第一家锌精矿两段加压浸出冶炼厂,也是世界上独立使用加压浸出技术的工厂,完全取消了传统焙烧系统。该厂处理的原料除锌精矿外,还包括堆存的铁酸锌渣,锌的浸出率高达 99%。2003 年第五座氧压浸出工厂在哈萨克斯坦的巴尔喀什建成。该厂也采用两段加压浸出处理铜锌精矿,所处理的精矿含铁量足以满足高速反应的需要,因而锌的浸出率较高,且元素硫的回收率得到提高。至此,硫化锌精矿氧压浸出工艺趋于完善。已运营的锌精矿氧压浸出冶炼厂基本情况如表 1-2 所示。我国在 20世纪 80 年代已完成了锌精矿氧压酸浸的扩大试验研究,但仍存在一些待解决的问题。从 1997 年开始,北京矿冶研究总院对该技术开展了大量的研究,开发了锌精矿低温低氧压的酸浸技术(110~140℃,氧压小于 500 kPa),实现了低温下锌精矿的高效浸出,并解决了硫元素包裹的问题;2001 年,联合白银有色金属公司西北铅锌冶炼厂提出了采用加压酸浸技术优化改造现有的流程,以解决现有"热酸浸出-铁矾除铁"工艺存在流程复杂、渣量大、铁渣性质不稳定、锌回收率低的问题,但由于各种原因未能进行工业化生产。2004 年,云南冶金集团总公司自主开发了氧压酸浸工艺,并在云南永昌铅锌股份有限公司投产,之后相继在云南澜沧铅矿有限公司和云南建水铅锌有限公司投产。已报道的氧压浸工艺多侧重于对锌浸出热力学、锌浸出动力学、氧气的溶解机理、添加剂的作用机理、浸出渣中硫的高效回收等方面的研究,仅有少量的文献报道过银、铟在氧压浸出过程的浸出行为,而对于硫化锌精矿中稀散金属镓、锗鲜有关注。

表 1-2　锌精矿氧压浸出炼锌厂基本情况

序号	工厂	投产时间/年	电锌规模/(万 t·a⁻¹)	压力釜规模及数量	生产方式
1	加拿大 Trail	1981 年	5	ϕ3.7 m×15.2 m,1 台	一段氧压浸出与原焙砂浸出组合
		1997 年	8	ϕ3.7 m×19 m, 1 台	
2	加拿大 Kidd Greek	1983 年	3	ϕ3.2 m×27 m, 1 台	一段氧压浸出与原焙砂浸出组合
3	德国 Ruhr Zink	1991 年	5	ϕ3.9 m×13 m, 1 台	一段氧压浸出与原焙砂浸出组合
		1993 年	9.5	ϕ3.9 m×19.3 m,1 台	
4	加拿大 HBMS	2000 年	11.5	ϕ3.9 m×21.5 m,3 台	两段氧压浸出
5	哈萨克斯坦 Balkash	2004 年	10	ϕ4.0 m×25 m, 3 台	两段氧压浸出
6	中国丹霞冶炼厂	2006 年	10	ϕ4.2 m×32 m, 3 台	两段氧压浸出

中金岭南科技公司凡口铅锌矿是我国最大的地下开采矿山之一,也是我国特大型富含镓锗资源的工业伴生矿山之一。采用传统的常规湿法炼锌工艺,资源得不到充分利用。为此,结合国内外锌精矿氧压浸出技术的特点,综合考虑凡口锌精矿的特性,丹霞冶炼厂于 2008 年引进了加拿大 Sherritt 两段逆流加压浸出技术处理锌精矿,建立了规模为 10 万 t 锌/年的全湿法炼锌厂,并于 2009年投产。在常规湿法炼锌中,硫化锌精矿焙烧中会形成铁酸锌,而镓、锗会以类质同象的形式进入铁酸锌晶格中。这部分镓、锗必须在高温、高酸的条件下才能浸出。在氧压浸出过程中不会产生铁酸锌,可提高锌、镓和锗的浸出率。同时,两段逆流氧压浸出工艺避免了单段氧压浸出中,因 Fe^{3+} 水解造成的镓、锗损失的缺陷,对镓、锗的回收更为有利,其工艺流程如图 1-4 所示。一段浸出控制较低的酸度、压力和温度,终酸为 10~15 g/L;二段以一段浸出渣为原料,控制相对较高的酸度、温度及压力,终酸为 70~80 g/L,使锌、铁最大限度浸出,二段浸出上清液返回一段作为浸出剂。在该工艺条件下,Ga、Ge 的浸出率分别在 70% 和 80% 左右。进入一段浸出液中经中和、锌粉置换等工序,富集在锌粉置换镓锗渣中。2011 年,西部矿业引进加拿大 Sherritt 公司氧压浸出技

术,并在 2013 年建成了年产电锌 10 万 t 炼锌厂。该厂采用氧压浸出工艺,锌的浸出率达到 98% 以上,硫的总回收率在 85% 以上;而且稀散金属铟的回收较高,铟的浸出率达到 80% 以上,后经焙砂中和处理,铟富集在中和渣中。另外,西部矿业的工业试验表明,氧压浸出对原料的适应性较强,各项技术指标较为理想。

丹霞冶炼厂、西部矿业的工业实践表明,采用氧压浸出工艺处理锌精矿,不仅可实现硫化锌精矿中 Zn 的高效浸出(浸出率可达 98% 左右),而且还可实现稀散金属 Ga、Ge、In 的有效回收。其中稀散金属 Ga、Ge 在中和渣、锌粉置换渣中均有分布,而稀散金属铟主要富集在中和渣中。富集稀散金属的中和渣、锌粉置换渣成为回收 Ga、Ge、In 的主要原料。

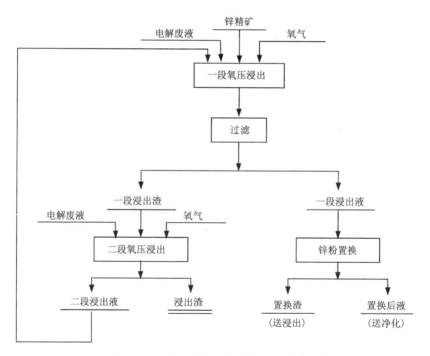

图 1-4　丹霞冶炼厂两段逆流氧压浸出工艺

1.3　火法炼锌中镓、锗行为

火法炼锌工艺主要由硫化锌精矿焙烧、还原挥发、精馏等工序组成。根据所使用炉体的不同，可分为密闭鼓风炉炼锌法、平罐炼锌法、竖罐炼锌法、电炉炼锌法。目前，平罐炼锌法在我国已被淘汰，密闭鼓风炉炼锌法、竖罐炼锌法是主要的火法炼锌工艺，而不同冶炼过程中 Ga、Ge 的分布各不相同。

在采用密闭鼓风炉炼锌工艺时，镓、锗的走向和分布如图 1-5 所示。在烧结焙烧阶段，硫化锌精矿中的 Ga、Ge 几乎全部进入烧结块中。在熔炼阶段，$25.0\% \sim 47.7\%$ 的 Ge 以 $MeO \cdot GeO_2$ 的形式进入炉渣内，而 $35.5\% \sim 65.2\%$ 的 Ge 以 GeO 的形态挥发进入粗锌。在粗锌经精馏工序，80% 以上的 Ge 转入硬锌中。与锗不同，在鼓风炉还原熔炼过程中，镓几乎全部进入鼓风炉熔炼炉渣内。

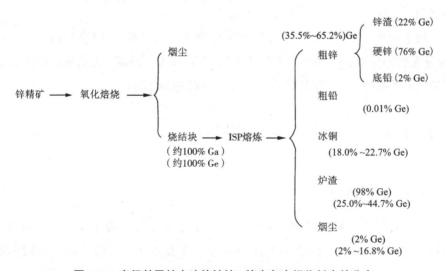

图 1-5　密闭鼓风炉火法炼锌镓、锗在各中间物料中的分布

采用竖罐炉炼锌工艺时，由于 Ga、Ge 及其氧化物的沸点较高，几乎全部的 Ga、Ge 以类质同象的形式赋存在罐渣中的磁铁矿、磁赤铁矿和硅酸盐中。此外，罐渣中的炭含量也会影响 Ga、Ge 在罐渣中的分布行为。Ga、Ge 在罐渣中的分布如表 1-3 所示。

表 1-3　Ga、Ge 在竖罐炉炼锌炉渣中的分布(%)

主要矿物	氧化物	磁铁矿+磁赤铁矿	焦炭	炭黑	硅酸盐+锌尖晶石等
Ga	2.70	41.66	18.67	7.31	29.66
Ge	2.50	42.57	31.67	6.33	16.92

采用鼓风炉熔炼工艺处理氧化铅锌矿时，首先控制 Pb 还原，Ga、Ge 进入炉渣中。然后采用还原烟化法处理鼓风炉熔炼渣，在 1250℃的条件下，Ga、Ge 与 Zn 的氧化物被 CO 还原，Zn 以单质形态进入烟气，而 Ga、Ge 则以 Ga_2O、GeO 的形式进入烟气，之后在冷却过程中分别以 Ga_2O_3、ZnO 和 GeO_2 形态富集于烟尘中。由于在烟化过程中，产生的锌蒸气会与 Ga_2O_3、GeO_2 反应，并分别生成易挥发的 Ga_2O、GeO；或进一步经还原反应生成单质 Ge、Ga，但单质 Ge 与 GeO_2、单质 Ga 与 Ga_2O 会反应生成易挥发的 GeO、Ga_2O 进入烟尘。已有研究报道，原料中 95%以上的 Ga、Ge 会经布袋收尘器富集于烟尘中，从而有利于其回收。

以上结果表明，采用火法炼锌工艺处理硫化锌精矿、氧化铅锌矿时，Ga、Ge 分布较为分散，在炉渣、烟灰、粗锌中均有分布。因而，火法炼锌副产物鼓风炉渣、竖罐炼锌渣、硬锌成为 Ga、Ge 回收的主要原料。

1.4　炼锌中间物料中镓、锗回收

1.4.1　浸锌渣

在常规湿法炼锌流程中，绝大部分的镓、锗富集于中浸渣中。意大利玛格海拉港电锌厂(Porto-Marghera)于 1969 年首次提出了从锌浸出渣中同时回收镓、锗和铟的工艺，其工艺流程如图 1-6 所示。该工艺将火法-湿法联合，在火法工艺处理阶段，采用回转窑挥发处理锌浸出渣，使得 Zn、Ga、Ge、In 等挥发进入烟尘。在湿法处理阶段，先采用碱洗工艺将氯脱除，然后采用硫酸还原浸出、单宁沉锗等工艺实现铅、锗与镓、铟的分离。但该工艺由于火法与湿法以及酸和碱交替使用，存在流程冗长、酸碱的耗量较大及镓、锗的回收率不高等问题。1975 年，在确定锌浸出渣的成分、物相及镓、锗分配率的基础之上，我国首次开发了从锌浸出渣中综合回收镓、铟、锗的工艺。该工艺第一段也采用回转窑挥发工艺富集镓、锗；第二段采用多膛炉除氟氯工序代替碱洗脱氯工序，脱氟氯后的氧化锌烟尘经硫酸浸出、化学沉淀、萃取等工序实现镓、锗、铟的分离与回收。采用回转窑烟化法处理锌浸出渣，不仅可使 Ga、Ge 等稀散金属得到富集，还可得到物理化学性质较为稳定的窑渣，便于堆存，从环保角度看，具有优越性。但回转窑挥发工艺为高温火法处理过程，存在燃料、还原剂和耐火材料消耗大等缺点。因而，全湿法处理锌浸出渣成为研究热点。

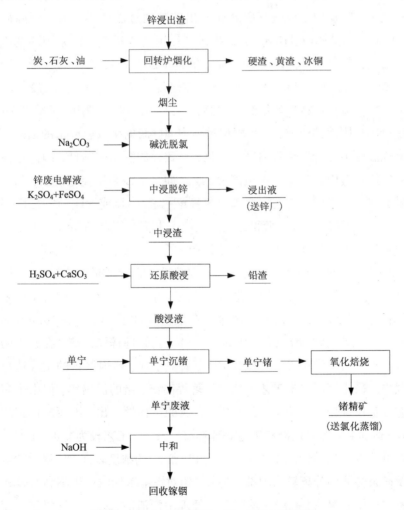

图 1-6　P-M 法提取镓、铟、锗的工艺流程

1987 年 Wardell 和 Davidson 采用硫酸-SO$_2$ 浸出体系处理锌浸出渣,考察了浸出时间、浸出温度及 SO$_2$ 通入量对锌浸出渣中镓、锗浸出率的影响。其发现通入 SO$_2$ 可明显提高 Ga、Ge 的浸出率,但 Ge 的浸出率有待改善;在最优条件下,镓的浸出率可达 92%,而锗的浸出率仅为 59%。由此可知,采用常规硫酸浸出工艺处理锌浸出渣,镓、锗的同步浸出较难实现。为探究锌浸出渣中锗难以浸出的原因,Harbuck 等研究了锌浸出渣中的锗赋存状态,并探究了影响锗浸出的主要因素,其发现硫精矿焙烧时产生的硅酸锌在硫酸浸出过程中会产生 Si(OH)$_4$ 胶体,胶体对锗的吸附能力远大于镓,因此在浸出时导致锗的吸附损失较大,且硅胶的生成会显著恶化浸出矿浆的过滤性能。为了消除硅胶对镓、锗回收不利的影响,Harbuck 等提出了以下改进措施:1)采用浮选工艺预先处理硫化锌精矿,可将锌精矿中 SiO$_2$ 的含量由 0.6% 降低到 0.19%,同时去除 70% 以上的钙、镁。除硅后的锌精矿经焙烧、浸出工序,锗的浸出率可达 98.2%。2)将硫化锌精矿焙烧温度控制在 900~1000℃ 范围内,可减少 Zn$_2$SiO$_4$ 和 SiO$_2$-GeO$_2$ 固溶体生成,避免浸出过程中因硅胶的生成造成锗的损失。但较低的焙烧温度不利于硫化锌的完全氧化,导致锌的浸出率降低,因而选择焙烧温度时应综合考虑。3)采用两段酸浸工艺,即第一段采用硫酸浸出,第二段采用氢氟酸浸出。采用该工艺主要基于氢氟酸可将 SiO$_2$ 或 SiO$_2$-GeO$_2$ 固溶体结构破坏,有利于锗的浸出,使得锗的总回收率由 70% 提高到 96%。但由于氢氟酸对设备的腐蚀性较强,且对环境有不利的影响,因此该工艺较难应用于工业生产。Judd 等开展高压还原浸出工艺处理锌浸出渣的研究,在高压、高温浸出条件下,可使得无定型的硅胶转化为结晶性较好的二氧化硅,改善了矿浆的过滤性能,同时提高了镓、锗的浸出率。在最优条件下,Ga、Ge 的浸出率均在 95% 以上。目前,饭岛冶炼厂采用高压浸出工艺处理锌浸出渣,在浸出的过程中通入 SO$_2$ 可将溶液中 Fe^{3+} 转化为 Fe^{2+},避免了镓、锗因铁矾的生成造成的共沉淀损失。采用高压浸出工艺虽然可显著提高镓、锗的浸出率,但由于高压浸出工艺设备投资较大,且较难实现有价金属的选择性浸出,因而未得到广泛应用。Torma 和 Lee 等采用碱浸工艺处理锌浸出渣,该工艺较为简单,且镓、锗的浸出率可达 100%;但由于浸出液中 Si、Pb 和 Al 的浓度较高,使得后续溶液的净化及矿浆的液固分离较为困难。另外,铅对镓电解回收产生不利的影响。

考虑采用酸浸法、碱浸法及综合法处理中浸渣时,镓、锗的回收率较低且资源的利用率不高等问题,李光辉等开发了还原-锈蚀法从锌浸出渣中提取镓、锗。该工艺首先采用回转炉将浸锌渣还原，使镓、锗富集于金属铁中；然后采用磁选的方法将镓、锗富集在磁选渣中；最后采用锈蚀法实现铁、镓和锗的分离。在最优条件下，镓、锗的回收率分别可达 92.04%、99.03%。但该工艺存在能耗高、过程控制（电位、pH、H_2O_2 量）难度较大等缺点。通过对前人工作的总结可知，现有从中浸渣中回收镓、锗的工艺仍存在诸多不足，特别是对高硅、高铁浸锌渣中镓、锗，仍有待研究人员努力。

1.4.2　锌粉置换渣

含镓、锗的硫酸锌溶液采用锌粉置换工艺净化处理后，几乎全部的镓、锗富集在锌粉置换渣中。该物料中镓、锗含量较高，但成分和物相较为复杂，使得镓、锗的回收难度较大。为实现锌粉置换渣中镓、锗等有价金属的综合回收，蔡江松等首先对锌粉置换渣中镓、锗的主要物相进行了分析，确定了镓主要以 Ga_2O_3 存在，而约 50% 的锗以 $MeO \cdot GeO_2$ 形态存在，35% 左右的锗以 GeO_2 形态存在。在此基础之上，提出了采用逆流酸浸—D2EHPA 萃铟—单宁沉锗—N 503 萃镓的工艺，从而实现 Ga、Ge、In 的回收。其工艺流程如图 1-7 所示。采用该工艺处理锌粉置换渣时，由于渣中含硅较高，造成硅胶对锗的吸附损失较大，锗的回收率较低，同时导致浸出过程中矿浆过滤性能恶化。

王继民等开展了两段浸出工艺处理锌粉置换渣的研究，一段采用高压酸浸工艺，镓、锗的浸出率分别可达 98%、80%；一段浸出后的高硅浸出渣采用硫酸和氢氟酸的混酸浸出，可将一段浸出渣中的锗完全浸出。两段浸出所得浸出液均采用萃取工艺将镓、锗回收。但该处理方法流程较长，而且所使用的浸出剂、反萃剂等对设备的腐蚀性较强。因此，锌粉置换渣的处理工艺有待进一步改善。针对目前处理锌粉置换渣存在镓、锗回收难度较大的问题，刘付朋等在深入分析锌粉置换渣中镓、锗赋存状态的基础上，提出了采用高压硫酸-硝酸浸出体系处理锌粉置换渣的工艺，即在高压硫酸浸出体系中引入硝酸盐，强化镓、锗的浸出。在最优条件下，镓、锗的浸出率均可达 90% 以上。张魁芳等对该高压硫酸浸出工艺中产出的浸出液进行了萃取研究，分别考察了 HBL101、HBL121 对浸出液中镓、锗的萃取效果；在最优条件下，镓、锗的回收率均在达 98% 以上。试验结果表明，硝酸盐助浸剂的加入对镓、锗的萃取无不良影响。由于高压设备复杂、基建投资较大，难以被工业化应用，但考虑助浸体系的显著影响，作者进一步研究锌粉置换渣常压助浸工艺体系，发现在硫酸浸出体系中引入硝酸钙和十二烷基磺酸钠，也可显著提高镓、锗的浸出；在最优条件下，镓、锗的浸出率分别可达97%、90%。常压助浸体系工艺简单，镓、锗回收率较高，工序衔接性更好，该工艺有望促进锌粉置换渣高效利用技术的开发。

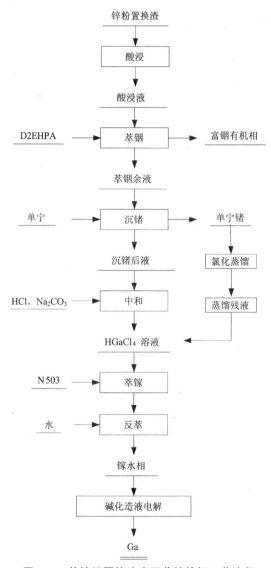

图1-7　从锌粉置换渣中回收镓锗铟工艺流程

1.4.3　硬锌

硬锌是火法炼锌的副产物，其锌、铅的含量分别在 80%、10% 左右；另外，硬锌还含有少量铁、砷、铅、锗等金属元素，其中 Ge 的含量甚至高达 3%，为富锗物料。为回收分布在硬锌中的 Ge、In 等稀散金属，国内外学者展开了颇为广泛的研究。

韶关冶炼厂曾于 1983 年开展过使用蒸馏-熔析法从硬锌中回收 Ge、In 的研究。该工艺基于锌的蒸气压高于硬锌中其余金属的特点，首先在 910~920℃ 的条件下，锌将以蒸气状态优先挥发，而 Pb、Ge、In 等沸点较高的金属将以熔体形态残留于蒸馏室内。然后将蒸馏渣在低于锗而高于铅熔点的温度下进行熔析，在熔析温度为 550~650℃ 时，Pb 与 Ge 分离，Ge 将富集于锗渣中。虽然该工艺具有成熟可靠、工艺稳定的优点，但锗的回收率并不高，仅为 60% 左右，且由于中间物料较多，使得有价金属铟的富集难度较大。

郑顺德开展了熔析-电解法处理硬锌的研究，主要操作步骤为：首先将硬锌在电炉内熔化，放出底铅后升温到 600℃ 左右，搅拌均匀并浇筑成阳极；然后在电流密度 180~220 A/m^2、平均槽电压 0.75 V、电流强度 6.24 A 的条件下进行电解。在该条件下，几乎 100% 的 Ge、Ag、Cu 等进入阳极泥，近 90% 的 In、Pb 也进入阳极泥。Ge、In 在硬锌中的含量分别为 0.35%、0.65%。经熔析-电解法处理后，Ge、In 在阳极泥中的品位分别可达 1.15%、1.95%，富集倍数为 3~3.5 倍。采用该工艺有价金属的综合回收率较高，可获得电锌、二氧化锗、粗铟等产品。但该工艺仍存在操作复杂、成本高、对设备的耐腐蚀性要求较高等缺点，限制了其推广应用。

韶关冶炼厂与昆明大学在 1989 年共同研发出真空蒸馏法回收硬锌中的有价金属的方法。该方法基于金属挥发温度差异较大，且随体系内压力的减小而降低的原理，可选择性分离金属，而且真空状态下可避免因金属氧化物的生成导致金属分离效果较差的问题。从表 1-4 可知，在温度为 600℃ 时，Ge 的饱和蒸气压与 Zn、Pb、As 的饱和蒸气压分别相差 ×10^{18}、×10^9、×10^{16} 倍；但随温度的升高，锗与各金属的饱和蒸气压的比值减小。在温度为 1000℃ 时，其分别为 ×10^8、×10^5、×10^{10} 倍。因此，控制一定的温度，可使铅、锌、砷等优先挥发进入气相，Ge、In 则主要保存于蒸馏渣中，从而实现 Ge、In 与 Pb、Zn、As 的分离以及稀散金属 Ge、In 的富集。该工艺下 Ge、In 在锗渣中分别富集了 10 倍、3

倍,两者的直收率均在 90% 以上,且全过程仅使用一台真空炉,具有设备少、流程短、操作简单等优点。

表 1-4　硬锌中主要金属元素的蒸气压(Po/Pa)

温度/℃	Ge	Zn	Pb	As
600	4.42×10^{-11}	1.54×10^3	6.06×10^{-2}	6.65×10^4
906	2.71×10^{-5}	1.01×10^5	4.23×10	4.0×10^6
1000	5.63×10^{-4}	2.33×10^5	1.85×10^2	1.27×10^7

生产实践证明,相比于蒸馏-熔析法、熔析-电解法,真空蒸馏法投资更少,有价金属的综合回收率更高,且对环境无污染,经济效益更好,因此该方法成为当今处理硬锌的首选工艺。硬锌经真空蒸馏处理后,Ge 在真空炉渣中的品位可达 0.7%~2.5%,为富锗渣。蓝宗营开展了"球磨-硫酸浸出-水解沉淀-氧化焙烧-氯化蒸馏"工艺处理真空蒸馏渣的研究。其在氯化蒸馏过程中引入二氧化锰,在最佳条件下,锗的蒸馏率达 100%,Ge 的回收率显著提高。然而采用该工艺时,在低酸浸出过程中,部分锗会溶出,须经过水解沉淀法再次沉淀已溶出的锗。这使得工艺流程冗长,回收成本较高。在此基础上,李琛等考察了"球磨-中性浸出-氧化焙烧-氯化蒸馏"处理真空蒸馏渣的工艺,在中性浸出 pH 为 3~5、氧化焙烧温度为 300~500℃、氯化蒸馏 HCl 浓度为 8 mol/L、焙烧渣与氯气质量比为 3 的条件下,锗的回收率可达 85%。然而,采用氯化蒸馏工艺处理氧化焙烧渣时,存在盐酸浓度高、氯气加入量难以控制、设备腐蚀严重及操作不安全等缺点。为此,何静等提出了在 HCl-CaCl$_2$-H$_2$O 体系下处理真空蒸馏渣,即将蒸馏渣中的锗富集在溶液中,再采用氯化蒸馏回收锗,使得锗的回收成本大大减低。同时,CaCl$_2$ 的引入明显提高了体系中 Cl$^-$ 浓度,使得 HCl 的活度增加;而氧化剂 Ca(ClO)$_2$ 的引入可控制体系中 Cl$_2$ 的浓度,使得 Ge 的回收率明显提高。为了进一步提高锗的回收效率,郭文倩在 HCl-CaCl$_2$-H$_2$O 浸出体系下,引入超声波技术以强化锗的浸出效果;在浸出时间 40 min 时,锗的浸出率达 92.4%。然而,在上述浸出体系下,氯气的产生仍不可避免。苏飞提出采用 H$_2$O$_2$ 代替 Cl$_2$ 作为氧化剂处理真空蒸馏渣的工艺。该工艺避免了氯气对环境的危害,且因该工艺的氧化浸出、蒸馏提锗可在同一装置中完

成，基建投资较少，操作更加简便。但氯化蒸馏工艺处理低品位含锗物料时，盐酸耗量较大，生产成本较高。为此，曹洪杨等提出采用硫酸浸出工艺处理真空蒸馏渣，所得的浸出液经萃取工艺可实现锗的高效富集。但氧压浸出工艺存在设备复杂、投资成本高等缺点，因此，真空蒸馏渣中回收锗的工艺仍有待进一步改进。

1.4.4　火法炼锌炉渣

由 Ga、Ge 在火法炼锌的分布行为可知，采用鼓风炉炼锌时，几乎所有的 Ga、25%~47%的 Ge 进入到炉渣中；而在竖罐炉炼锌工艺中，几乎全部的 Ga、Ge 进入竖罐炉渣中。因此，火法炼锌炉渣作为一种富含 Ga、Ge 的物料，引起研究学者的广泛关注。

李裕后对鼓风炉炉渣 Ga、Ge 的赋存状态进行了研究。结果表明，95%以上的 Ga、Ge 以类质同象分布在方铁矿中，其余则分布在锌尖晶石、锌黄长石及硫化铁中。与鼓风炉炉渣中 Ga、Ge 的赋存特征相似，竖罐炉炉渣中的 Ga、Ge 大部分以类质同象的形式分布在磁铁矿、磁赤铁矿、硅酸盐和活性炭中。基于 Ga、Ge 在炉渣中的赋存特征，日本研究人员开展了"碱熔-硫酸浸出-萃取"法从火法炼锌炉渣中回收 Ga、Ge 的研究。虽然在技术上可行，但该工艺硫酸耗量较大，且因炉渣 Ga、Ge 的品位较低，采用萃取方法，从后续溶液中富集 Ga、Ge 成本较大。韶关冶炼厂技术人员开展了常规烟化还原法富集炉渣中 Ga、Ge 的研究，但 Ga、Ge 的挥发效果不佳，Ga、Ge 的挥发率仅能达 10%~40%。从已有研究可知，采用常规还原烟化法、碱熔-浸出法、全湿法回收工艺很难将其中的 Ga、Ge 回收。为此，研究学者开发了高温氯化挥发法回收 Ga、Ge 的技术。该方法主要基于 Ga、Ge 较易与含氯化物反应生成易挥发的氯化物，从而实现 Ga、Ge 的富集。在 NaCl 添加量为炉渣质量的 7.5%、温度为 1460℃的条件下，氯化烟化 90 min 后，Ga、Ge 的挥发率均在 95%以上，产生的烟化烟尘经"硫酸浸出-萃取"工艺可实现 Ga、Ge 的回收。采用该工艺虽然可实现 Ga、Ge、Pb、Zn 的综合回收，但该工艺的高温氯化，对设备的防腐蚀性要求较高，且 Ga、Ge 的总回收率仅在 50%左右。为此，韶关冶炼厂技术人员还开发了"还原炼铁-磁选分离-铁镓合金电解-阳极泥回收镓"工艺。该工艺以煤为还原剂，在温度为 1350℃、焙烧时间为 4 h 的条件下，镓、锗、铁的回收率均在 85%以上；在铁镓合金最优电解条件下，镓、锗的直收率可达 95%以上，镓、锗在阳极泥中富集了近 7 倍，产出的阳极泥经碱浸、电积，得到纯度>99.9%的金属镓。在整个工艺过程中，Ga 的总回收率在 75%以上。虽然采用"还原炼铁-电解法"工艺可明显提高 Ga、Ge、Fe 的回收率，但该工艺流程较长，能耗消耗大，导致成本较高，还需进一步完善。

1.4.5 挥发烟尘

由于低价锗具有良好的挥发性，使得回转窑和烟化炉挥发产出的氧化锌烟尘均含有一定量的锗。表 1-5 为国内某冶炼厂氧化锌烟尘的主要成分。其中，锗在氧化锌烟尘中的含量高达 500 g/t，具有较高的经济价值。除锗以外，氧化锌烟尘通常还含有一定量的 F、Cl。为避免 F、Cl 对后续电解产生不利的影响，在对氧化锌烟尘进行湿法处理前，可采用多膛炉脱氟氯工艺对氧化锌烟尘进行预处理。将温度控制在 650~750℃，可脱除大部分的 F、Cl；但稀散金属锗的沸点较高，故仍保留在烟尘中。周令治等首先采用两段酸浸工艺对氧化锌烟尘进行预处理，接着采用锌粉置换法富集所得浸出液中的锗，最后采用两段酸浸-多级萃取或单宁沉淀法处理富集渣，实现锗的回收。然而，该工艺存在流程长、锗回收率较低的问题。为此，梁杰等提出先采用一段硫酸浸出处理氧化锌烟灰，再采用牛胶脱硅、萃取工艺处理浸出液的方法。该工艺可显著提高烟灰中锗的回收率，避免了传统单宁沉淀法对锌冶炼系统的不利影响。在此基础上，梁杰等对氧化锌烟尘硫酸浸出的浸出动力学进行了研究，确定了扩散过程为浸出过程中的限制性环节。虽然常规硫酸浸出工艺简单、成本低，但烟灰中锗的浸出率较低，通常在 80%左右。造成锗浸出率较低的原因主要在于烟尘中存在一定量难溶性的四面体 GeO_2 及 $Fe_4Ge_3O_2$ 物相。为提高锗的回收率，张元福等进行了含锗烟尘流态化浸出研究，锌、锗的浸出率分别可达 98%、97%；该工艺采用 701 弱碱性阴离子交换树脂回收浸出液中的锗，但所得浸出液、洗脱液中的锗浓度较低，还需通过沉淀或萃取的工艺才能实现锗的富集，因而系统流程较长，锗的总回成本较高。肖靖泉等开展了氯化挥发工艺回收氧化锌烟尘中的锗，在温度 500℃、时间 1 h、氯化铵与烟灰质量比为 1.2 的条件下，锗的挥发率可达 96%，实现了锗的富集回收。然而，该工艺氯化铵用量较大，且须高温进行，因此成本较高。为降低成本，王万坤提出采用微波焙烧-硫酸浸出工艺、微波碱化焙烧-水浸工艺等火法和湿法联合处理含锗烟尘的方法。采用微波焙烧预处理含锗烟尘的主要目的是尽可能将 $Fe_4Ge_3O_2$ 溶解，或将难溶的四面体 GeO_2 转化为易溶的锗酸盐。在最优条件下，锗的回收率分别达 84%、94% 以上。尽管采用微波碱化焙烧工艺锗回收率较高，但碱化焙烧温度较高（>400℃），且后续从碱液中回收锗的难度较大。尽管目前针对氧化烟尘中锗的回收取得了一定进展，但对烟尘中锗的赋存状态，以及其余金属对锗回收的影响缺乏系统研究。因此，对含锗氧化锌烟尘中锗的回收仍有许多值得探讨的问题，亟需开发新的回收工艺，以解决当前处理工艺中存在的诸多问题。

表 1-5　氧化烟尘的主要成分

元素	Zn	Fe	Ge	Pb	As	SiO$_2$	Cd	F	Cl
含量	41.7/%	2.32/%	500 g/t	25/%	0.88/%	6.8/%	0.098/%	0.050/%	0.065/%

1.5　中间物料浸出液中镓、锗富集

由于浸锌渣、火法炼锌烟尘中镓、锗的含量较低，若直接采用氯化蒸馏工艺回收锗，存在盐酸耗量大、成本高、难度大的问题。目前，一般先采用酸浸或碱浸工艺处理此类物料，尽量将镓、锗完全浸出；然后根据浸出液中镓、锗的浓度以及溶液成分特征，采用萃取法、化学沉淀法、吸附法、液膜法等工艺进一步富集回收镓、锗。

1.5.1　萃取工艺

1.5.1.1 液-液萃取法

由于溶剂萃取技术具有分离效率高、处理能力大、金属回收率高等优点，使其在 20 世纪 40 年代后期得到迅速发展。当溶液中镓、锗的浓度在 1 g/L 以上时，多采用有机溶剂萃取法回收镓、锗。目前可用于镓、锗回收的萃取剂主要有四类：1) 酸性螯合类萃取剂，如 LIX63、Kelex100、YW100、7815 等；2) 酸性萃取剂，如 P204、P507、CA-100 等；3) 中性萃取剂，如 N235、TBP、正丙醇等；4) 协同萃取剂，如 P204+YW100、P204+HGS98 等。以上几种萃取剂对镓、锗的萃取性能如表 1-6 所示。

LIX63 在酸度较高的硫酸体系下（$H_2SO_4 > 100$ g/L）具有良好的选择性，可实现锗与铜、镍、砷和铁的高效分离，但负载锗的 LIX63 萃取剂须用高浓度的NaOH（4.4 mol/L）才能将锗完全反萃。因此，单独采用 LIX63 萃取锗时，存在酸碱耗量大、成本高等问题。为此，Schepper 等开展了 LIX 63/LIX26 协同萃取体系萃取锗的研究。当硫酸浓度为 50 g/L、萃取体系组成为 99%LIX63（v/v）+1%LIX26（v/v）、温度为 25℃、A/O 为 1:1 时，经四段逆流萃取，可将 99% 以上的锗萃取回收，载锗萃取剂用 150 g/L NaOH 即可实现锗的完全反萃。另外，Barnard 等和 Boateng 等分别考察了 LIX63/D2EHPA 协同萃取体系萃取硫酸浓度为 75 g/L 的含镓、锗溶液。在最优条件下，锗的萃取率可达 95% 以上。协同萃取体系降低了萃取过程中对硫酸浓度的要求，而且 LIX63 萃取剂的用量显著降低，但反萃仍需使用 160 g/L 以上的 NaOH 溶液。为此，Nusena 等先后开发了 LIX63+Versatic 10、LIX63+Ionquest 801 协同萃取体系，用于回收硫酸锌溶液中的镓、锗。研究表明，采用 LIX63+Versatic 10 协同萃取体系，溶液中镓的萃取率可达 99% 以上，使用 0.05 mol/L 硫酸即可实现镓的完全反萃。采用 LIX63/Ionquest 801 萃取体系回收溶液锗时，在最优条件下，锗的萃取率也可达 90% 上；且反萃所需 NaOH 的浓度降至 0.5 mol/L，经两段逆流反萃，锗的反萃率可达 90% 以上。虽然 LIX63/Versatic 10 和 LIX63/Ionquest 801 协同萃取体系显著降低了所需反萃剂的浓度，但 LIX 63 萃取剂存在成本高、货源紧张等缺点，限制了其在工业上应用。

为进一步降低回收成本，Ma 等开展了在 D2EHPA/TBP 协同萃取体系下萃取回收硫酸锌溶液中（$H_2SO_4 > 80$ g/L）锗的研究。在萃取体系组成为 30%D2EHPA（v/v）+15%TBP（v/v）、温度为 25℃、A/O 为 1:1 的条件下，经二段逆流萃取，锗的萃取率可达 94% 以上。载锗萃取剂经 250 g/L NaOH 反萃，锗的反萃率可达 100%。针对 D2EHPA/TBP 协同萃取体系反萃剂浓度选择的问题，Tian 等开发了 D2EHPA/YW100 协同萃取体系。研究表明，最优萃取体系组成为 20%D2EHPA（v/v）+1%YW100（v/v），最适宜的镓、锗萃取平衡 pH 分别为 0.3、1.4。在最优条件下，镓、锗的萃取率分别可达 95%、97%。采用该协同萃取体系可实现镓、锗的共萃，反镓、锗萃取剂，先后经 2.25 mol/L H_2SO_4、1 mol/L HF 反萃，可实现镓、锗的选择性反萃，从而实现镓、锗的选择性分离。由于 YW100 水溶性较大、不易购买，加之反萃剂 HF 对设备具有较强的腐蚀性，因此，该萃取体系难以被推广应用。为克服萃取剂的水溶性，北京矿冶研究总院开发了一种新型用于镓、锗回收的萃取剂 G315。该萃取剂可实现镓、锗与铁、铜、锌的有效分离,镓、锗的萃取率均在 95% 以上。有文献报道了采用 H106 萃取剂回收硫酸锌浸出液中的镓、锗的研究。采用该萃取剂,在最优条件下,镓、锗的萃取率分别可达 94.2%、92.9%。但该萃取剂与 G315 萃取剂同样存在难以购买等问题。北京化工冶金研究院曾自主研发了一种氧肟酸类萃取剂 7815,该萃取剂可实现锗的有效萃取。陈世明等开展了 7815 萃取剂回收硫酸锌溶液中的锗的研究。结果表明,锗的萃取率可达 95%,且通过在萃取体系中添加异戊醇和乙醇,降低萃取剂黏度,实现良好的相分离,但该萃取剂消耗较大。基于镓、锗与有机酸(草酸、柠檬酸、单宁酸、酒石酸)可形成稳定的配合物的原理,梁杰等研究了协同萃取体系 TOA/TBP 对锗-酒石酸配合物萃取的影响。在最优条件下,锗的萃取在 3 min 即可达到平衡,且锗的萃取率达 97%以上;经氢氧化钠反萃后,95% 以上的锗可被回收。尽管胺类萃取剂对镓、锗的有机络合物的萃取效率较高,但由于有机酸使用成本较高,且有机酸对后续锌电解的影响有待进一步考证,因此,采用配合萃取工艺回收锗未成为锗回收的首选方法。

表 1-6　镓、锗回收所使用的萃取剂

有机体系	萃取效果评价
D2EHPA	在 MSB210 溶剂体系下,可实现 In 与 Zn 和 Ga 的分离;在煤油溶剂体系下,可实现 In、Fe 与 Ga、Ge 的分离
D2EHPA/TBP	可实现锗的萃取,TBP 的加入有利于相分离;反萃较难
D2EHPA/HGS98	Ge 的萃取率达 99%以上,但 HGS98 制备较困难
D2EHPA/YW100	可实现 Ga、Ge 共萃,但 YW100 水溶性大
Kelex100	可实现 Ge 选择性萃取,但反萃较难
LIX63	可实现 Ge 选择性萃取,但反萃碱耗大
H106	可实现 Ga、Ge 共萃,但不易制取
G315	可实现 Ge 的选择性萃取,但不易制取
PC-88A	可实现 In、Ge 的萃取,Ga、Zn 萃取较差
Kelex100+Organo-phosphoric acids	相比于 Kelex100 体系,Ge 的萃取效率更高

续表1-6

有机体系	萃取效果评价
LIX63+LIX26	相比于LIX63体系，Ge的萃取效率更高
LIX63+Versatic 10	可实现Ga的选择性萃取，反萃较易
LIX63+Lonquest 801	可实现Ge的选择性萃取，反萃较易
LIX26+PC-88A	相比于PC-88A，Ge的萃取效率更高
OPAP	可实现Ga的有效萃取，不萃取Ge
Cyanex 925	可实现In、Ga、Zn的分离
TOA或N235	可实现镓、锗的共萃，须添加配合剂
HBL101	可实现Ge选择性萃取，反萃碱浓度较高
HBL121	可实现Ga、Fe共萃，反萃硫酸浓度较高

1.5.1.2 液膜萃取法

液膜萃取法是一种新型萃取工艺，与液-液萃取法不同，液膜法中的萃取与反萃过程同时进行，从而消除了萃取平衡对金属离子萃取的影响，分离效率远高于液-液萃取法。该方法工艺流程较为简单，主要分为制乳、迁移、破乳等过程，其中制乳过程较为关键。制乳是将萃取剂、表面活性剂、反萃剂进行乳化，形成油包水状的乳状液。该乳状液内包有反萃取剂，当溶液中金属离子经膜相进入膜内侧时，在反萃剂的作用下将其反萃到接收相，实现萃取与反萃的"内耦合"。液膜萃取法对镓、锗等稀散金属离子的富集表现出较大优越性，引起业界广泛关注。针对湿法炼锌系统中镓的分离回收，石太宏等制取了以TRPO为载体、LMS-2为表面活性剂、磺化煤油为稀释剂、10% $K_4[Fe(CN)_6]$为反萃内水相的液膜体系。研究发现，在最佳的液膜萃取条件下，Ga^{3+}回收率可达98.5%，溶液中Ga^{3+}富集了近1000倍。为实现镓、锗共萃，石太宏等还开发了由萃取剂(LMS-2、P204)、稀释剂(磺化煤油)、表面活性剂(STR-1)、反萃内水相(NH_4F)构成的双载液膜体系。研究表明，在最优条件下，Ga、Ge的回收率分别为94.7%、98.6%。陈树钟等对上述液膜体系进行了更加深入的研究，确定了适于锗回收的最佳有机相比例为：3% LMS-2、7% P204、89% 磺化煤油、1% STR-1。在该体系下，Ge^{4+}的迁移率可达98%。另外，液膜萃取法因其优异的分离性能，在国外也引起了广泛关注。Kumbasar和Tutkun分别研究了以 TBP 为流动载体和以 TOPO 为流动载体的乳液体系回收酸性浸出液中镓的工艺，考察了膜种类及组成、表面活性剂浓度、反萃剂等因素对镓迁移率的影响。在最佳条件下，Ga^{3+} 的迁移率均大于 96%。在此基础上，Tutkun 等进一步考察了 Kelex 100+ECA 4360J+STA90 NS 乳状液膜体系对锗萃取的效果。研究表明，在最佳条件下，Ge^{4+} 迁移率达 95%。虽然，采用液膜萃取法可实现镓、锗的高效回收，但目前的研究仍集中在试验室阶段，暂无工业化实施实例，有待更为深入的研究。

1.5.2　化学沉淀法

大多数情况下，化学沉淀法多用来处理镓、锗浓度低于 1g/L 的溶液。典型的工艺包括单宁沉淀法、中和沉淀法、置换沉淀法、镁盐沉淀法等，其原理及沉淀效果如表 1-7 所示。

除高浓度反萃液中镓、锗的水解沉淀外，采用化学沉淀法所得沉淀渣中的镓、锗品位较低，仍需进一步处理。如单宁沉锗渣须经氧化焙烧脱除有机物与砷后，才能得到适宜于氯化蒸馏的锗精矿，甚至所得锗渣还须进一步富集。奥地利水也炼锌厂采用单宁沉淀法富集锗，可得到锗含量为 8.1% 的锗精矿，然后采用氯化蒸馏工艺可实现锗的高效回收。与单宁沉淀法不同，中和沉淀法、锌粉置换沉淀法选择性较差，所得沉淀渣镓、锗品位较低，物相复杂，不适宜直接采用氯化蒸馏工艺处理。因此，须进一步将其进行火法或湿法处理，以得到易于回收的富镓、锗物料。镁盐沉淀法所得沉淀渣中锗的含量高达 10%，可直接采用氯化蒸馏的工艺处理，但部分 Mg^{2+} 会进入溶液，须增加后续净化工序。

表 1-7 化学沉淀法富集镓、锗

化学沉淀	基本原理	沉淀效果及影响因素
单宁沉淀法	基于单宁酸可与锗形成难溶的单宁锗配合物（$GeO_2 \cdot H_6T$）的原理	沉锗速度快、效率高、操作简单；pH2.5~3，单宁用量为溶液中锗含量的 25~30 倍；温度 65℃左右时，锗在 20 min 可沉淀完全，沉淀率可达 98%；单宁对后续的电解工艺影响较大
中和沉淀法	基于各种金属离子水解沉淀 pH 的不同，通过控制 pH 实现镓、锗与溶液中其余金属的分离	温度 25℃时，Ge^{4+}、Ga^{3+} 开始水解的 pH 分别为 2.72、2.40；升高温度、延长沉淀时间有利于 Ga、Ge 的沉淀，$Fe(OH)_3$ 胶体的生成会加速镓、锗的沉淀；该工艺产生的渣量较大，镓、锗的富集率低
置换沉淀法	基于电势较负的金属可将溶液中电势较正的金属离子置换出来的原理	锌粉用量、温度、置换时间及 pH 对镓、锗的沉淀影响较大，在最优条件下，镓、锗的沉淀率均可达 99% 以上，但得到的富集渣成分较复杂，镓、锗的品位较低，在 1% 以下，后续镓、锗的回收难度较大
镁盐沉淀法	基于溶液中锗离子与镁离子在一定 pH 下形成锗酸盐（$MgO \cdot GeO_2$）沉淀的原理	MgO 用量、温度、沉淀时间对锗沉淀的影响较大，在 pH≤4.9，析出锗酸盐的产物中锗的品位在 10% 左右；该富锗物料中的锗可直接采用氯化蒸馏工艺富集回收

1.5.3 吸附工艺

吸附法是利用具有高比表面积的固体材料为吸附剂，通过物理、化学或生物作用将溶液中一种或多种组分吸附到固体吸附剂表面，达到对金属离子的富集及溶液净化的目的。吸附剂的吸附能力取决于溶液的性质、吸附剂材料特性、吸附条件等因素。目前，可用于镓、锗吸附的吸附剂主要包括碳基吸附材料、天然硅镁基吸附材料及合成吸附材料。

1.5.3.1 活性炭吸附材料

目前所使用的碳基吸附材料主要为活性炭，其化学性能稳定，并可再生重复利用，因而被广泛应用于空气净化、有色冶金废水处理等领域。但由于活性炭具有疏水性，因此，活性炭较难直接从溶液中吸附无机金属离子。若实现金属离子的吸附，须在吸附前引入有机添加剂将游离的无机金属离子转化为相应的有机金属离子配合物。选择有机官能团必须满足以下条件：1) 与金属离子配合具有选择性；2) 易形成大分子配合物；3) 有机添加剂价格低廉；4) 有机添加剂的引入不会对生产系统造成负面影响。

龙来寿等提出了配合吸附法回收溶液中镓的工艺。该工艺采用单宁作为配合剂，使溶液中的镓、锗生成相应的配合物。由于单宁锗为稳定的沉淀配合物，通过过滤可实现锗的分离；溶液中的镓与单宁形成稳定易溶的配合离子，通过活性炭吸附法可实现镓的有效回收。在 pH 为 1~1.5、温度为 30℃、活性炭用量为 1.4 g/L 时，镓的吸附率可达 99%，载镓的活性炭经干燥、灼烧、碱溶、水解后可得氧化镓。采用单宁作为配合剂、活性炭为吸附剂虽然可有效回收溶液中的镓、锗，但也存在活性炭的用量较大、成本高、活性炭重复利用率低等问题。为了提高活性炭对稀散金属的吸附率，Marco-Lozar 等首先通过比表面积、孔径等分析手段，选择吸附性能较好的活性炭；其次通过比较锗离子与各种官能团的络合性强弱，确定了采用邻苯二酚作为溶液中锗的配合剂。试验结果表明：在 pH 为 2 时，邻苯二酚与锗可形成稳定的配合物；在最优条件下，活性炭对锗的饱和吸附量为 8.7 mg/g，且在 1 h 内即可达到吸附平衡。另外，载锗活性炭经 NaOH 解吸，锗的解吸率可达 100%。解吸后的活性炭经循环吸附、解吸 10 次，仍具有较好的吸附性能，所得解吸液中锗的浓度富集近 20 倍。但邻苯二酚会对锌电解系统产生不利的影响，导致该方法未能广泛应用。因此，选择更适宜的镓、锗有机配合剂，是实现活性炭吸附法工业化的关键所在。

1.5.3.2 海泡石吸附材料

硅镁质吸附材料海泡石是一种天然富镁硅酸盐黏土矿物，硅氧四面体和镁氧八面体在其结构单元中相互交替，使其具有层状—链状的过渡性结构特征及较大的比表面积和孔容量。这些特殊的结构决定了海泡石具有优良的吸附性能、催化性能及较好的流变性。普通海泡石吸附性能和离子交换性能较差，将其应用于溶液中金属离子吸附时，必须将其活化处理。目前，海泡石活化的方法主要有无机酸改性法、离子交换改性法、水热改性法、有机改性法等，但最常用的方法为无机酸改性法。该改性方法可显著提高海泡石的比表面积。研究学者对盐酸改性海泡石吸附废水中微量重金属 Pb、Cd、Cu、Zn、Ni 开展了广泛研究，证实了盐酸改性海泡石对重金属离子具有优异的吸附性能。有关改性海泡石对稀贵金属的吸附报道较少,梁凯等通过对海泡石特殊结构的研究,发现盐酸改性海泡石比表面和孔容量增大,且改性后海泡石表面酸性羟基和孔道中的水分子可与镓离子形成稳定的配合物,这些结构的改变均有利于镓的选择性吸附。盐酸改性海泡石对溶液中金属离子的吸附顺序为 Ga>Cu>Pb>Zn>Cd;在 pH 为 3、海泡石用量为 3 g/100 mL、吸附时间为 0.5 h 的条件下,镓的吸附率可达95%以上,其余金属离子的吸附率均在 10%以下,实现了 Ga 的选择性分离。现有研究对盐酸改性海泡石的结构、成分及吸附机制并未深入,同时盐酸改性海泡石对锗的吸附性能并未考察。此外,由于盐酸改性不可避免引入氯离子,因而,探寻新的改性措施也是今后研究的一大热点。

1.5.3.3　其他吸附材料

除活性炭、海泡石等吸附材料外,国内外研究人员合成了多种对镓、锗具有特性吸附的吸附材料,如中空纤维膜、泡沫塑料、功能树脂、纳米材料等。Ozawa 等研究了中空纤维膜对锗的吸附效果。结果表明,经辐射诱导处理,可将对锗具有选择吸附性的官能团嫁接于中空纤维上,使其对锗具有良好的吸附效果,从而可实现锗的高效吸附。载锗中空纤维采用 1 mol/L HCl 解吸,Ge 的解吸率可达100%。经三次循环吸附,该吸附材料仍具有较好的吸附性能,锗的吸附总量达 84 mg/g。但该吸附材料合成成本较高,且只适用于低酸度的含锗溶液。为此,周虹等研究了聚氨酯泡沫塑料对锗的吸附性能。研究发现,该泡沫塑料对盐酸体系下的锗具有良好的吸附效果,这可能是由于锗在盐酸体系下可形成 $GeCl_5^-$ 或 $GeCl_6^{2-}$ 等配位离子,且盐酸浓度越高,生成的配合物越稳定,而泡沫塑料对该配合物具有良好的吸附性能。在 HCl 浓度为 10 mol/L、吸附时间为 1 h、泡沫塑料用量为 20 g/L 时,锗的吸附率可达80%,泡沫塑料的饱和吸锗量可达 6.052 mg/g。另外,赵慧玲等研究了高浓度盐酸(6 mol/L)体系下,聚胺酯塑料对镓的吸附性能。结果表明,该吸附材料对镓的吸附速度较快,在 90 min 即可达到平衡,其对镓的饱和吸附量可达 42 mg/g。

由于聚氨酯塑料吸附镓、锗过程中均须在高盐酸浓度体系下进行,且对锗的饱和吸附量均较低,难以工业化实施。为此,研究学者开发了多种用于镓、锗吸附的功能树脂。其原理是将可与镓、锗形成强配合物的官能团,通过物理、化学的方法嫁接在普通离子交换树脂上,使其对镓、锗产生选择性吸附。如 Torralvo 等考察了 IRA-900 交换树脂吸附溶液中的锗的效果,通过向溶液中添加邻苯二酚,使锗形成阴离子配合物,可实现锗的有效吸附。结果表明,锗在该树脂上的最大饱和吸附量达 215.5 mg/g。另外，Ziegenbaly 等将单宁酸负载在离子交换树脂上，利用单宁与锗的强配合性实现了硫酸锌溶液中锗的有效吸附，吸附率可达 95% 以上。然而，邻苯二酚、单宁等有机物的使用会对后续锌电解产生不利的影响。为此，基于 Kelex100 萃取剂的优异萃锗性，及其萃余液对锌电解无不良的影响的特点，Denise 等采用 Kelex100 将离子交换树脂活化处理。结果表明，活化处理后的树脂可实现锗的有效分离，且载锗的树脂可用 NaOH 作为反萃剂；在温度 50℃ 时，锗的解吸率可达 98%，但要求反萃剂 NaOH 浓度较高。此外，我国科研工作者还开发了苯乙烯-二乙烯苯树脂与 TBP 共聚固化，得到 CL-TBP 萃淋树脂。该功能树脂对镓具有良好的吸附效果，在最优条件下，镓的吸附率可达 94.5%；载镓树脂经 NH_4Cl 解吸，镓的解吸率可达 99%。但该树脂对溶液的酸度要求较高，须在 6 mol/L HCl 介质中才能实现镓的高效回收。

虽然国内外研究学者对泡沫吸附法、树脂吸附法提取镓、锗开展了较为广泛的研究，但这些方法存在吸附容量低、吸附速度慢、生产技术条件难控制等缺点，同时有机吸附剂的使用也会对炼锌系统带来不利影响。因而，TiO_2、Al_2O_3 和 SiO_2 等纳米吸附材料也随之成为研究热点。研究者发现，纳米 TiO_2 和 Al_2O_3 对锗具有优良的吸附性能。在最优条件下，锗的吸附在 3 min 内即可达到平衡，且锗的吸附率可达 95%；经 K_3PO_4 和 H_2SO_4 混合溶液解吸，锗的解吸率也可达 97%。另外，张蕾等发现，溶液 pH 为 4 时，纳米 SiO_2 对镓吸附率可达 95% 以上，而锗的吸附率仅为 1% 左右，可实现镓、锗的分离；纳米 TiO_2 在该溶液体系下可实现镓、锗的共吸附，且镓、锗的吸附率均在 95% 以上。因此，通过先后使用纳米 SiO_2 吸附材料、纳米 TiO_2 吸附材料，可实现镓、锗的选择性回收。尽管 TiO_2、Al_2O_3 和 SiO_2 等纳米材料对镓、锗具有良好的吸附效果，但纳米材料的制备过程较为复杂、使用成本较高，加之其作用机理尚未明确，因而，纳米吸附技术仍有待完善。

综上所述，针对锌冶炼副产物中镓、锗的回收，国内外研究学者开展了颇为广泛的研究，也取得了较大的进展。这些研究大多围绕着传统湿法炼锌和火法炼锌的中间物料开展研究工作，鲜有针对硫化锌精矿氧压浸出工艺中镓、锗行为和回收的研究。此外，由于镓、锗的副产物种类繁多，成分和物相差异较大，导致已有回收工艺均存在诸多不足，业界亟需开发低成本、高效率回收湿法炼锌系统中镓、锗的新工艺，以实现含镓、锗锌精矿的高效综合利用。

第2章

试验材料与方法

2.1 试验原料及试剂

试验所用的硫化锌精矿来自凡口铅锌矿；锌粉置换渣系国内某铅、锌冶炼厂氧压浸出工艺中产出浸出液经锌粉置换后得到的富镓、锗产物，其成分及物相等检测结果列于第3章。试验所用的主要的化学试剂如表2-1所示。

表2-1 试验所用主要试剂

试剂	化学式	规格	生产厂家
去离子水	H_2O	—	自制
盐酸	HCl	分析纯	株洲石英化玻有限公司
硫酸	H_2SO_4	分析纯	衡阳市凯信化工试剂有限公司
磷酸	H_3PO_4	分析纯	国药集团化学试剂有限公司
氢氟酸	HF	40%	国药集团化学试剂有限公司
氢氧化钠	NaOH	分析纯	国药集团化学试剂有限公司
二氧化锗	GeO_2	5N	国药集团化学试剂有限公司
氧化镓	Ga_2O_3	5N	国药集团化学试剂有限公司

续表2-1

试剂	化学式	规格	生产厂家
氧化锌	ZnO	分析纯	国药集团化学试剂有限公司
碳酸钠	Na_2CO_3	分析纯	国药集团化学试剂有限公司
硫酸铜	$CuSO_4 \cdot 5H_2O$	分析纯	国药集团化学试剂有限公司
硫酸亚铁	$FeSO_4 \cdot 7H_2O$	分析纯	国药集团化学试剂有限公司
硫酸铁	$Fe_2(SO_4)_3 \cdot xH_2O$	分析纯	国药集团化学试剂有限公司
硫酸锌	$ZnSO_4 \cdot 7H_2O$	分析纯	国药集团化学试剂有限公司
还原铁粉	Fe	分析纯	湘中化学试剂有限公司
过氧化氢	H_2O_2	30%	国药集团化学试剂有限公司
草酸	$H_2C_2O_4 \cdot 2H_2O$	分析纯	国药集团化学试剂有限公司
苯芴酮	$C_{19}H_{12}O_5$	分析纯	国药集团化学试剂有限公司
四氯化碳	CCl_4	分析纯	国药集团化学试剂有限公司
乙酰丙酮	$C_5H_8O_2$	分析纯	国药集团化学试剂有限公司
酒石酸	$C_4H_6O_6$	分析纯	国药集团化学试剂有限公司
N235	R_3N	工业级	上海莱雅仕化工有限公司
TBP	$(C_4H_9O)_3PO$	工业级	上海莱雅仕化工有限公司
磺化煤油	—	工业级	上海莱雅仕化工有限公司

2.2 主要试验仪器与设备

表2-2 试验所用主要仪器与设备

名称	型号	生产厂家
恒温干燥箱	1014-1	上海康路仪器设备有限公司
紫外可见分光光度计	T6	北京普析通用仪器有限公司
电子天平	TP-620A	湘仪天平仪器设备有限公司
等离子发射光谱仪	IRIS Intrepid Ⅱ XSP	美国热电公司

续表2-2

名称	型号	生产厂家
电位 pH 计	pHS-3C	上海精密科技仪器仪表有限公司
X 射线衍射仪	TTRAX-3	日本理学株式会社
电子探针	JEOL JXA-8230	日本理学株式会社
真空抽滤机	SHZ-D(Ⅲ)	巩义市予华仪器有限责任公司
扫描电镜	JSM-6360LV	日本电子株式会社
能谱仪	GENESIS 60S	美国伊达克斯有限公司
恒速机械搅拌器	S212	上海鸿经生物仪器制造有限公司
数显恒温水浴槽	W201	上海申生科技有限公司
超声波清洗器	KQ-200VDE	昆山市超声仪器有限公司
颚式破碎机	PE-150	长沙市远东电炉有限责任公司
TOC 分析仪	TOC-V$_{CPH}$	日本岛津公司

2.3 试验方法

2.3.1 高压浸出试验

试验所用的高压浸出设备如图 2-1 所示。为防止浸出试剂对高压釜的腐蚀,高压釜内衬材料为聚四氟乙烯。同时该高压浸出设备还配有加热盘管、PID 温控器、搅拌控制器。在试验过程中,首先将镓锗物料、浸出试剂依次加入反应釜内,密闭反应釜,调节控温系统,在温度升至目标温度后,开启搅拌。调节进气阀,控制釜内压力维持在一定值,记录反应时间。浸出结束后,开启冷却水,待高压釜内温度冷却至100℃以下,放气,开启釜盖。采用真空抽滤机进行液固分离,记录液固分离时间,收集滤液、滤渣,并取样分析。

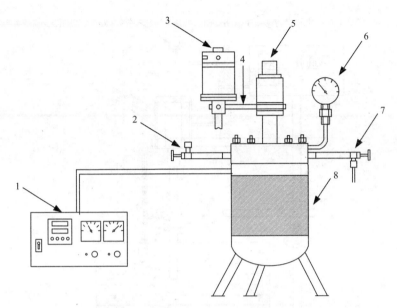

1—控制器；2—进气阀；3—搅拌电机；4—传送皮带；

5—混拌浆；6—压力表；7—出气阀；8—高压釜。

图 2-1 高压浸出设备示意

2.3.2 常压浸出、净化试验

试验所用的常压浸出设备、溶液净化设备如图 2-2 所示。

(1)浸出工艺：按一定液固比的浸出剂（H_2SO_4、$H_2C_2O_4$）称取一定量的锌粉置换镓锗渣并置于三口瓶中（300 mL、500 mL），将三口瓶置于恒温水浴中，设置恒温水浴槽温度及搅拌速度，记录反应时间，浸出结束后，采用真空抽滤机抽滤，记录过滤时间，收集滤液、滤渣，并取样分析。

(2)净化工艺：称取一定体积的锌粉置换渣的浸出液于三口瓶中；将三口瓶置于恒温水浴槽，加热至目标温度后，向三口瓶加入还原铁粉；反应一定时间后，真空过滤，收集滤液、滤渣，并取样分析。

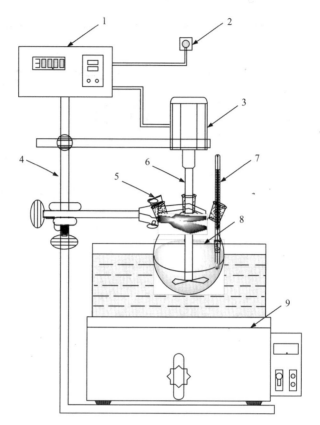

1—恒温搅拌器；2—电源；3—电机；4—支撑架；5—取样口；

6—搅拌器；7—摄氏温度计；8—三口瓶；9—恒温水浴槽。

图 2-2　常压浸出、溶液净化设备示意

2.3.3　吸附试验

量取一定体积的含镓、锗的氧压浸出模拟液于 100 mL 锥形瓶中，并采用一定浓度的氢氧化钠或盐酸溶液调节模拟液的 pH。将锥形瓶置于水浴振荡器中，待升至目标温度，按一定的液固比称取一定量的吸附剂，倒入锥形瓶后，开始计时；吸附反应结束后，采用真空抽滤进行液固分离，收集滤液、滤渣，并取样分析。

2.3.4　萃取、反萃试验

本次试验中的萃取、反萃试验均在 125 mL 或 250 mL 梨形分液漏斗中进行，并采用水浴恒温振荡器匀速振荡。控制有机相和水相的总体积占梨形分液漏斗容量的 2/3 左右。试验过程中，通过改变溶液中镓锗浓度、萃取时间、萃取温度、相比等条件，考察其对镓、锗萃取效果的影响。水浴振荡结束后在设定的温度下进行有机相及水相的分离，记录分相时间。待两相完全分离后，分别从分液漏斗下端取出水相、负载有机相，分别测量其体积，并取样分析。

将负载有机相转移到新梨形分液漏斗中，按照设定的相比加入反萃取剂（NaOH 或 HCl）；采用水浴恒温振荡器匀速振荡，待反应结束后，进行相分离，并记录相分离时间。分别从分液漏斗下端取出水相、负载有机相，分别测量其体积，并取样分析。反萃取后的有机相经洗涤、酸化重新进行萃取试验。

2.3.5　模拟串级试验研究方法

根据绘制的萃取平衡等温线确定串级控制试验所需要的萃取级数，并计算梨形分液漏斗的个数，采用多个梨形分液漏斗进行多级逆流试验。以三级逆流萃取操作为例，其操作方式如图 2-3 所示。

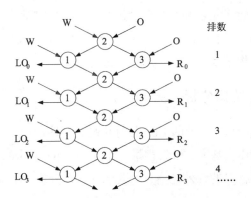

图 2-3　模拟三级逆流萃取操作

其操作步骤为：按一定的相比，往 2 号漏斗中加入新鲜料液及新鲜有机相；振荡、静置分层后，水相进 3 号漏斗，有机相进 1 号漏斗。向 1 号和 3 号分液漏斗中分别再加入新鲜料液和新鲜有机相，1 号和 3 号漏斗一起振荡、静置分层。1 号漏斗的水相进 2 号漏斗，油相为负载有机相（LO_0）；3 号漏斗的水相取出并记为 R_0。以此类推，如图 2-3 所示，每次往 1 号漏斗中加入新鲜料液，往 3 号漏斗中加入新鲜有机相。在 1 号漏斗中得到 LO_1，LO_2，LO_3，…；在 3 号漏斗中得到 R_1，R_2，R_3，…。试验过程要控制萃取温度、相比、溶液初始浓度、振荡时间、摇床振荡频率等因素一致。

2.4 表征及分析方法

2.4.1 物相分析

采用日本理学株式会社的 RIGAKU-TTRⅢ型 X 射线衍射仪（Cu 靶，Kα 1 = 1.5406 Å），在工作电压 40 kV、电流 250 mA、步长 0.02 的条件下分析硫精矿、锌粉置换镓锗渣和相应浸出渣的主要物相组成。

2.4.2 物料形貌及元素定量、半定量分析

采用日本电子株式会社的 JSM-6360LV 型扫描电镜观察硫精矿、锌粉置换镓锗渣等物料的形貌、颗粒尺寸；采用美国伊达克斯有限公司的 GENESIS 60S 型能谱仪对样品的微区元素种类及含量进行定量、半定量分析。采用日本电子株式会社 JXA-8230 型电子探针分析仪对物料微区组成及成分进行定量分析，以确定其微区主要物相及镓、锗等稀散金属的赋存状态。

2.4.3 样品结构分析

将待测样品烘干后，与纯的 KBr 混匀并研磨。使用压片机将混匀物料压成片状，以纯 KBr 压片为基准，扣除背景。采用 Nicolet 公司的 Nicolet 6700 型红外光谱仪得到所测物料的红外光谱，根据红外光谱分析手册确定待测样品的分子结构。

2.4.4 样品比表面及孔隙分析

采用美国 Micromeritics 公司生产的 ASAP2020HD88 型比表面及孔隙分析仪分析吸附剂、还原铁粉的比表面积及孔隙。

2.4.5 浸出渣过滤性能表征

将浸出料浆置于 d 为 100 mm 的布氏漏斗中，用 SHZ-D(Ⅲ)水循环式真空泵(真空度为 0.07 MPa)抽滤，记录过滤时间；过滤结束后，测定浸出液体积，并计算过滤速率以表征浸出渣的过滤性能。

$$\gamma = \frac{V}{t}$$

式中：γ—过滤速率(mL/min)；V—浸出液体积(mL)；t—过滤时间(min)；

2.4.6 溶液中金属元素的分析

溶液中主要金属元素的分析方法如表 2-3 所示。为了保证分析结果的准确性，镓、锗、锌、铁、硅等元素成分均分别采用分光光度法、滴定法与 ICP-AES 法等平行分析测试。

表 2-3 溶液中主要金属元素分析方法

元素	分析方法
锗	萃取分离苯芴酮分光光度法
	ICP-AES
镓	萃取-罗丹明 B 分光光度法
	ICP-AES
锌	EDTA 滴定法
	ICP-AES
铁	重铬酸钾滴定法
	ICP-AES
硅	硅钼蓝分光光度法
	ICP-AES
铜	ICP-AES

2.4.7 溶液中有机碳分析

采用日本岛津公司 TOC-VCPH 分析仪，运用燃烧氧化-非色散红外吸收法测定溶液中的总有机碳。该方法使用含碳 1000 mg/L 的邻苯二甲酸氢钾作为总碳标准液，以含碳 1000 mg/L 碳酸氢钠作为无机碳测量标准，利用仪器自稀释功能绘制标准曲线。将含碳溶液稀释到标准曲线测量范围内。该仪器工作条件为：燃烧温度 680℃、高纯氧气为载气、压强 200 kPa、流量 150 mL/min、进样量为 50 μL、样品清洗次数为 2 次、针洗 3 次。

2.4.8 萃取相分离时间

分别取 50 mL 有机溶剂萃取剂及含镓、锗溶液，将两者混于 100 mL 的分液漏斗中，并在水浴恒温振荡器中振荡 15 min。萃取结束后，将混合乳状液快速转移到 100 mL 的容量瓶并开始计时，待两者完全分离后，计时结束。记录的时间即为相分离时间。

第 3 章

硫化锌精矿及氧压浸出过程副产物工艺矿物学

3.1　硫化锌精矿

试验所用硫化锌精矿来自凡口铅锌矿,在球磨机中湿磨 30 min 后,置于 80℃ 烘箱中烘干,用于浸出试验。

3.1.1　化学成分分析

试验用硫化锌精矿的主要化学成分如表 3-1 所示。锌精矿的主要成分为 Zn、S、Fe,其质量分数分别为 53.00%、33.70%、6.03%;Ga 和 Ge 质量分数分别为 130 g/t 和 168 g/t;另外该锌精矿中还含有少量的 Mn、Pb、As 和 Cu。

表 3-1　硫化锌精矿主要化学成分　　　单位: %

成分	Zn	TFe	Fe(Ⅱ)	S	SiO$_2$	Cu	Pb	As	Ga	Ge
含量	53.00	6.03	2.25	33.70	2.64	0.11	0.94	0.98	0.013	0.0168

3.1.2　化学物相分析

硫化锌精矿中铁物相的化学分析结果如表 3-2 所示。由表 3-2 可知，硫化锌精矿中的铁主要以黄铁矿的形式存在，质量分数为 63.43%；其次为赤铁矿（15.15%）、硅酸铁（7.81%）。由于黄铁矿在高压氧浸过程中的稳定性较好，其浸出效果直接取决于有价金属 Ga、Ge、Fe、Zn 的回收。

表 3-2　硫化锌精矿中铁物相的化学分析结果

物相	质量分数/%	分布/%
$Fe_{1-x}S$	0.66	10.31
FeS_2	4.06	63.43
$FeCO_3$	0.18	2.81
Fe_2O_3	0.97	15.15
Fe_3O_4	0.03	0.46
H_4SiO_4	0.50	7.81
$\sum Fe$	6.40	100

3.1.3　湿筛粒度分析

硫化锌精矿湿筛粒度分析结果如表 3-3 所示。由表 3-3 可知，试验所用硫化锌精矿经球磨后，其粒度较小，质量分数约 80% 的颗粒粒度小于 38 μm。这使得硫化锌精矿颗粒充分与浸出试剂接触，从而促进硫化锌精矿中各有价金属的浸出。

表 3-3　硫化锌精矿粒度分析结果

粒度/μm	<38	38~48	54~74	>74
分布/wt%	79.56	16.58	2.58	1.28

3.1.4　X 射线衍射(XRD)表征

硫化锌精矿的 X 射线衍射分析结果如图 3-1 所示。其分析结果表明,硫化锌精矿中主要物相为闪锌矿(ZnS)、黄铁矿(FeS_2)、方铅矿(PbS)和石英(SiO_2),由于 Cu、As、Mn、Ga、Ge 的含量较低,所以未见其相应各物相的衍射峰。

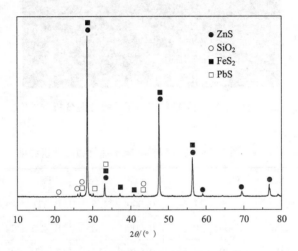

图 3-1　锌精矿 XRD 物相分析图谱

3.1.5　电子探针(EPMA)分析

硫化锌精矿的电子探针分析结果如图 3-2 和表 3-4 所示。其结果表明:区域 1、2 主要由 Pb 和 S 组成;区域 3、4、5、6、11、12、14 和 20 主要由 Fe 和 S 组成;区域 9、10 和 19 主要由 Si 和 O 组成;区域 7、8、13、15、16、17 和 18 主要由 Zn 和 S 组成。结合锌精矿的 XRD 分析结果可知,区域 1、2 主要为 PbS;区域 3、4、5、6、11、12、14 和 20 主要为 FeS_2;区域 9、10 和 19 主要为 SiO_2;区域 7、8、13、15、16、17 和 18 主要为 ZnS。另外从表 3-4 可知,Ga 主要赋存在 FeS_2、SiO_2 和 ZnS 中,而 Ge 主要分布在 ZnS、PbS 中。Ga、Ge 在硫化锌精矿中不同的存在状态,决定了硫化锌精矿中 Ga、Ge 的不同浸出行为。

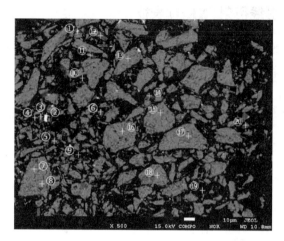

图 3-2　硫化锌精矿电子探针微区分析

表 3-4　图 3-2 中硫化锌精矿电子探针微区分析结果　　　　单位: %

区域	O	Si	Ge	S	Ga	Zn	Fe	Pb	Cu
1	0.215	0.000	0.026	11.662	0.000	4.511	0.671	81.395	0.140
2	0.529	0.067	0.000	10.379	0.000	4.050	0.420	74.437	0.000
3	0.583	0.015	0.000	52.859	0.036	1.516	44.371	0.294	0.035
4	3.459	1.995	0.000	49.776	0.019	2.214	42.981	0.331	0.000
5	1.695	0.153	0.000	51.248	0.021	2.075	43.244	0.279	0.059
6	0.886	0.217	0.000	50.657	0.016	2.518	42.371	0.115	0.024
7	0.217	0.044	0.039	34.465	0.020	63.821	2.200	0.028	0.000
8	0.989	0.021	0.018	33.945	0.022	64.767	1.492	0.054	0.027
9	48.325	35.661	0.000	1.452	0.016	2.158	0.885	0.065	0.015
10	50.532	42.996	0.000	0.294	0.043	1.067	0.101	1.849	0.000
11	1.365	0.000	0.024	49.449	0.000	5.785	40.656	0.057	0.039
12	0.488	0.205	0.000	54.642	0.019	0.128	43.165	0.188	0.000
13	0.765	0.054	0.035	33.934	0.046	64.339	1.332	0.145	0.100
14	4.857	1.753	0.000	49.684	0.019	2.042	41.981	0.064	0.058
15	0.465	0.032	0.019	34.465	0.023	63.762	1.856	0.077	0.134

续表3-4

区域	O	Si	Ge	S	Ga	Zn	Fe	Pb	Cu
16	0.365	0.041	0.021	33.945	0.000	63.126	0.729	0.017	0.092
17	0.765	0.124	0.025	34.934	0.021	62.245	2.178	0.215	0.122
18	0.422	0.485	0.018	33.465	0.000	65.821	0.145	0.028	0.132
19	52.421	44.169	0.000	0.146	0.023	1.124	0.401	0.249	0.000
20	0.665	0.012	0.000	52.145	0.026	2.843	45.004	0.055	0.024

主要物相：1、2 为 PbS；3、4、5、6、11、12、14、20 为 FeS_2；9、10、19 为 SiO_2；7、8、13、15、16、17、18 为 ZnS。

3.1.6　元素面分析

硫化锌精矿中 Ga、Ge、Fe、Si、S、Zn 等的元素面分布如图 3-3 所示。从元素面分布图中进一步证实：硫精矿中的 Ga 主要分布在黄铁矿、硫化锌中，而 Ge 在整个硫化锌精矿的扫描范围内均有分布。

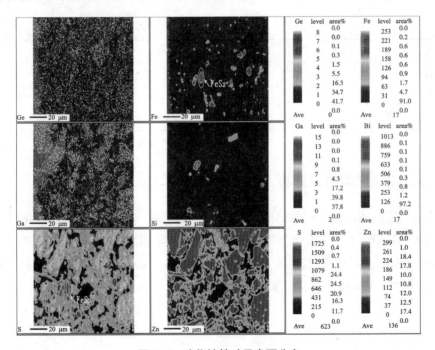

图 3-3　硫化锌精矿元素面分布

3.2 锌粉置换镓锗渣

采用氧压浸出工艺处理凡口铅锌矿，浸出过程中 Ga、Ge 与 Zn 一同进入浸出液。浸出液预中和后用锌粉置换沉淀富集 Ga、Ge，得到所谓"锌粉置换镓锗渣"，其中还含有 Zn、Si、Cu、Fe、As、Pb 等成分，是一种典型复杂的含 Ga、Ge 的中间物料。此次试验所用锌粉置换镓锗渣产自国内某冶炼厂，经干燥、磨细、混合后用作试验原料。

3.2.1 化学成分分析

锌粉置换渣主要化学成分如表 3-5 所示。由表 3-5 可知，试验所用的锌粉置换渣中主要成分为 Zn、Si、Fe、Cu、As、Pb 等，其中 Zn、Cu 和 Fe 的质量分数分别为 24.45%、5.55% 和 7.88%；其 Ga 和 Ge 的质量分数分别为 0.266% 和 0.362%。渣中二氧化硅的质量分数高达 9.14%，使得镓、锗的回收较难进行。

表 3-5　锌粉置换渣主要化学成分　　　　单位：%

成分	Zn	Cu	Fe	Fe(Ⅱ)	SiO_2	Ga	Ge	Pb	As
质量分数/%	24.45	5.55	7.88	3.74	9.14	0.266	0.362	0.46	0.98

3.2.2 化学物相分析

锌粉置换渣的化学物相分析结果如表 3-6 所示。由表 3-6 可知，Ge 主要以 $MeO \cdot GeO_2$、GeO、GeO_2 形态存在，少量为 Ge、GeS、GeS_2；而 Ga 主要以 Ga_2O_3、$MeO \cdot Ga_2O_3$ 形态存在，少量为 Ga、Ga_2S_3。Ga、Ge 的单质及硫化物性质较为稳定，所以 Ga、Ge 不能完全浸出。

表 3-6　锌粉置换渣中镓锗化学物相分析结果

锗物相	质量分数/%	分布/%	镓物相	质量分数/%	分布/%
$MeO \cdot GeO_2$	0.222	61.32	$MeO \cdot Ga_2O_3$	0.076	28.58
$GeO+GeO_2$	0.081	22.38	Ga_2O_3	0.187	70.30
$Ge+GeS_2+GeS$	0.059	16.30	$Ga+Ga_2S_3$	0.003	1.12
共计	0.362	100	Total	0.266	100

3.2.3　湿筛粒度分析

锌粉置换渣的湿筛粒度分析结果如表 3-7 所示。由表 3-7 可知，试验所用锌粉置换渣粒度较细，75%以上的粒度小于 45 μm。

表 3-7　锌粉置换渣粒度分析结果

粒度/μm	<45	45~60	61~93	94~150	>150
分布/%	75.81	4.81	4.66	10.83	3.89

3.2.4　X 射线衍射(XRD)分析

锌粉置换渣物料的 XRD 图谱如图 3-4 所示。图 3-4 中的 XRD 分析结果表明，锌粉置换镓中主要物相为金属锌、硫酸锌，也有少量铁酸锌、硅酸锌存在。由于含量较低，未见含 Ga、Ge 物相的衍射峰。

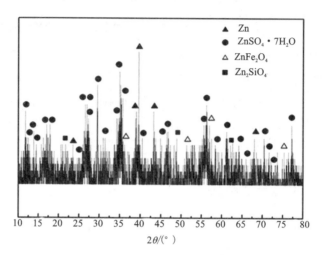

图 3-4　锌粉置换渣 XRD 图谱

3.2.5　电子探针(EPMA)分析

为进一步验证镓、锗与锌粉置换渣中其余矿物的伴生关系,对锌粉置换渣进行了电子探针分析,其 EPMA 区域分析结果如图 3-5 和表 3-8 所示。由表 3-8 的电子探针定量分析结果可知,图 3-5 中 1 点主要物相为硫酸锌,该物相中基本不含镓、锗;6、11、13 点和 3、8、9、10、14、15 点中主要物相分别为铁酸锌和硅酸锌,这两种物相中镓、锗的含量明显高于硫酸锌物相,另外,硅酸锌中镓、锗的分布要高于铁酸锌;图 3-6 中其余的点主要为含有 Zn、Pb、Cu、Ca 等金属的铁、硅的胶体化合物。

为了证实锌粉置换渣中镓、锗与铁、硅的关系,利用表 3-8 中的数据,对渣中 Ga、Ge、Fe、Si 的含量进行了线性拟合,其拟合结果如式(3-1)~式(3-4)所示。

$$PCT\ Ge = 0.1132 + 0.0534,\ PCT\ Si \quad R = 0.842 \qquad (3-1)$$

$$PCT\ Ge = 0.3061 + 0.0245,\ PCT\ Fe \quad R = 0.597 \qquad (3-2)$$

$$PCT\ Ga = 0.2114 + 0.0321,\ PCT\ Si \quad R = 0.298 \qquad (3-3)$$

$$PCT\ Ga = 0.1156 + 0.0061,\ PCT\ Fe \quad R = 0.078 \qquad (3-4)$$

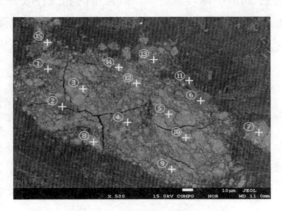

图 3-5　锌粉置换渣电子探针分析

表 3-8　锌粉置换渣电子探针分析结果　　　　　单位: %

区域	O	Ge	S	Ga	Zn	Fe	Cu	Si	Pb	Ca
1	39.703	0.073	10.587	0.041	22.308	1.702	3.119	2.682	0.256	0.060
2	39.922	0.838	2.708	0.431	21.016	5.868	5.564	6.476	1.28	ND
3	41.632	0.813	2.590	0.312	12.867	5.947	2.728	12.384	0.283	5.450
4	41.476	0.407	4.259	0.237	24.283	5.475	5.523	2.253	0.319	0.467
5	55.199	0.506	3.204	0.482	14.014	4.526	5.685	6.164	0.723	10.45
6	27.399	0.104	0.492	0.159	16.792	41.075	1.229	0.483	0.069	ND
7	46.982	0.046	10.934	0.500	22.665	2.547	3.701	1.245	0.472	14.050
8	40.975	0.725	1.348	0.286	13.545	5.245	1.756	14.548	0.210	3.145
9	46.145	0.564	6.145	0.524	24.145	2.156	5.482	13.245	0.275	0.896
10	47.176	0.542	4.235	0.422	23.172	3.458	4.467	9.789	0.315	3.456
11	28.455	0.115	0.385	0.162	17.042	42.025	0.768	0.445	0.104	0.135
12	50.324	0.465	4.865	0.452	16.415	2.576	5.425	6.784	0.113	2.745
13	39.017	0.135	0.296	0.344	20.319	37.530	0.703	0.549	0.066	1.087
14	42.325	0.856	3.096	0.295	12.067	5.846	2.708	15.384	0.243	2.645
15	46.785	0.607	4.651	0.197	25.086	5.145	5.420	11.253	0.319	0.467

从以上线性拟合结果可知, 锌粉置换渣中锗含量与硅(图 3-7)、铁含量均

具有较好的相关性；而渣中镓含量与硅、铁含量的相关性较差。由此可知，在锌粉置换富集镓、锗过程中，锗主要以共沉淀的形式（$MeO \cdot GeO_2$）进入置换渣中；而镓主要是经锌粉还原为单质，后经氧化以 Ga_2O_3 存在于渣中。

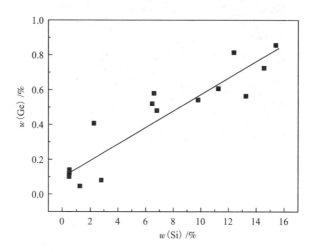

图 3-6　锌粉置换渣中硅的质量分数与锗的质量分数的相关性

3.2.6　元素面分析

锌粉置换渣中 Ga、Ge、Fe、Si 等元素的面分布如图 3-7 所示。从图 3-7 可知，Ga、Ge 主要以弥散状态分布在整个物料中，在含 Fe、Si 的区域中均有分布。

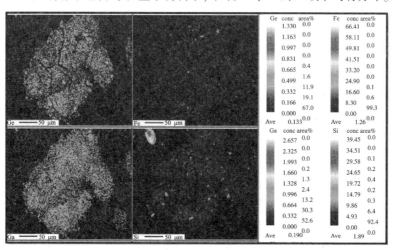

图 3-7　Ge、Fe、Ga、Si 元素在锌粉置换镓锗渣中的分布

3.3　本章小结

通过对凡口锌精矿及锌粉置换镓锗的工艺矿物学分析，得出的主要结论如下：

(1)试验所用的硫化锌精矿富含 Ga、Ge，Ga、Ge 质量分数分别为 130 g/t、168 g/t；该硫化锌精矿中主要含铁矿物为黄铁矿，其占总铁量的 63%，其余为氧化铁类矿物，如赤铁矿、硅酸铁、菱铁矿和磁铁矿等；锌精矿 Ga 主要赋存在闪锌矿(ZnS)、黄铁矿(FeS_2)和石英(SiO_2)中，而 Ge 主要分布在闪锌矿(ZnS)和方铅矿(PbS)中。

(2)试验所用的锌粉置换渣的主要成分为 Zn、Si、Cu、Fe、As、Pb 等，其中 Ga 和 Ge 的质量分数分别为 0.266% 和 0.362%；同时渣中二氧化硅和铁的质量分数分别高达 9.14% 和 7.88%，属高硅、高铁难处理物料。锌粉置换渣中 Ga、Ge 主要以弥散状态分布在整个物料中，其中 Ge 主要以 $MeO \cdot GeO_2$、GeO、GeO_2 形态存在，少量为 Ge、GeS、GeS_2；Ga 主要以 Ga_2O_3、$MeO \cdot Ga_2O_3$ 形态存在，少量为 Ga、Ga_2S_3。

第 4 章

锌精矿氧压浸出工艺优化

4.1 氧压浸出现状

鉴于镓、锗在传统湿法炼锌工艺中存在回收率低、回收流程复杂等问题，2011 年国内某冶炼厂采用了两段逆流氧压浸出工艺处理凡口锌精矿，以提高锌精矿中镓、锗的回收率。该工艺主要包括：二段逆流氧压浸出工序、锌粉置换富集镓锗工序、富镓锗渣镓锗提取工序、二段浸出渣硫回收工序、硫酸锌溶液除铁工序。在两段逆流氧压浸出工艺中有 3 个卧式反应釜。第一段 1 个釜，具有浸出及还原 Fe^{3+} 的双重功能，避免中和工序中镓、锗与 Fe^{3+} 的共沉淀，同时降低置换富集工序中锌粉的消耗。一段控制条件为：温度 105℃ 左右、氧压 0.3 ~0.4 MPa、终点 H_2SO_4 硫酸浓度 15 g/L 左右。在此条件下，浸出液中总铁含量为 10 g/L，其中 Fe^{3+} 为 0.5 g/L，其余为 Fe^{2+}。第二段为 2 个釜并联使用，浸出条件为：温度 150℃、总压 1.2~1.3 MPa、氧压 0.7~0.8 MPa、终点 H_2SO_4 硫酸浓度 70~80 g/L 左右。在此条件下，锌浸出率在 95% ~98%，而镓、锗的浸出率较低，分别在 70%、80% 左右，因而导致硫渣量大。从有价金属在氧压浸出工艺各中间物料的分布(表 4-1)可知，镓、锗在二段浸出渣中的质量分数分别为 0.018%、0.009%。这部分镓、锗可能主要以与其伴生矿或共沉淀的方式进入浸出渣。为了探究硫化锌精矿中锌、镓、锗难以浸出且镓浸出率低于锗浸出率的 10% 的主要原因。本章节以凡口锌精矿为研究对象，在对企业各工序的物料分析的基础上，模拟第二段氧压浸出工艺，考察了氧分压、硫酸浓度、木质素磺酸钠、浸出时间、Fe^{2+} 浓度、Cu^{2+} 浓度等对锌精矿中锌、铁、镓、锗等元素浸出行为的影响。

表 4-1　高压氧浸工艺中有价金属在各渣中的分布　　　　单位：%

物料	Zn	Fe	Cu	Pb	Ga	Ge	Ag
锌精矿	53.00	5.90	0.13	1.16	0.013	0.017	0.028
一段浸出	30.45	9.30	0.10	2.10	0.039	0.011	0.025
二段浸出	7.40	2.96	0.019	3.38	0.018	0.009	0.032
锌粉置换渣	23.92	5.80	3.48	1.74	0.12	0.25	—
硫精矿	5.51	1.42	0.028	0.42	0.009	—	0.047
硫滤渣	19.09	6.16	0.11	0.54	0.017	—	0.097
高银渣	10.36	9.57	0.098	5.04	0.032	0.013	0.32

4.2　主要影响因素考察

4.2.1　氧分压的影响

在温度为 150℃、氧分压为 0.8 MPa、木质素磺酸钠添加量为 0.5 g/L、搅拌速度为 600 r/min、Zn^{2+} 浓度为 60 g/L、Fe^{2+} 浓度为 3 g/L、浸出时间为 2 h、硫酸浓度为 180 g/L 的条件下，考察氧分压对 Zn、Fe、Ga、Ge 浸出率的影响，其结果如图 4-1 所示。

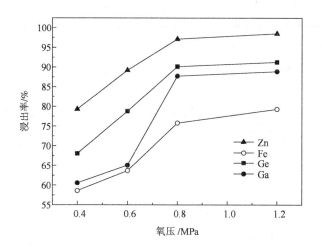

图 4-1　氧分压对硫化锌精矿中 Zn、Fe、Ga、Ge 浸出率的影响

　　由图 4-1 可知，Zn、Fe、Ga、Ge 浸出率变化趋势基本一致。当氧分压从 0.4 MPa 增加到 0.8 MPa 时，Zn、Fe、Ga 和 Ge 的浸出率分别由 79.31%、58.60%、60.56% 和 68.07% 提高到 97.13%、75.79%、87.65% 和 90.15%。这是因为随着氧分压增加，氧气在浸出液中的溶解量增加，促进硫化锌反应的动力学过程。从硫化锌精矿氧压浸出渣的 XRD 图谱(图 4-2) 可知，浸出渣存在黄铁矿物相。已有研究结果表明，黄铁矿的溶解速率与溶解氧含量成正比，在最优条件下，仅有 70%~80% 的黄铁矿被溶解，这表明黄铁矿在试验条件下较难被浸出。由图 4-3 和表 4-2 可知，在浸出渣中仍有单独的黄铁矿(FeS$_2$)颗粒存在，而且该颗粒中含有少量的镓，使得镓、铁的浸出率较低。

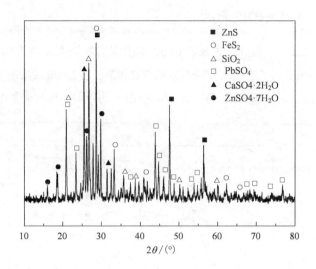

图 4-2　0.8 MPa 氧分压下浸出渣 XRD 图谱（CS₂ 洗硫后渣）

图 4-3　浸出渣 EDS 分析

表 4-2　图 4-3 中各浸出渣微区 EDS 分析结果　　　单位：%

区域	Zn	Fe	Pb	S	Si	O	Ga	Ge
A	1.03	0.00	37.69	34.31	1.25	25.66	0.00	0.00
B	43.05	1.68	0.00	48.96	6.31	0.00	0.00	0.00
C	1.89	32.31	0.00	62.20	3.60	0.00	0.13	0.00
D	0.00	0.00	0.00	2.25	32.57	65.48	0.02	0.01

4.2.2 浸出时间的影响

在温度为150℃、氧分压为0.8 MPa、木质素磺酸钠添加量为0.5 g/L、搅拌速度为600 r/min、Zn^{2+}浓度为60 g/L、Fe^{2+}浓度为3 g/L、硫酸浓度为180 g/L的条件下,考察浸出时间对Zn、Fe、Ga、Ge浸出率的影响,其结果如图4-4所示。

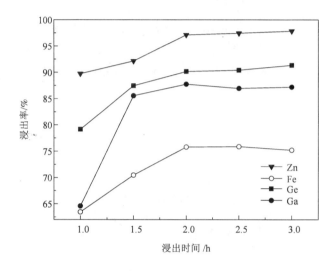

图4-4 浸出时间对硫化锌精矿中 Zn、Fe、Ga、Ge 浸出率的影响

由图4-4可知,Zn、Fe、Ga、Ge的浸出率随浸出时间的延长而逐渐提高。当浸出时间为2.0 h时,Zn、Fe、Ga、Ge的浸出率分别可达97.13%、75.79%、87.75%、90.15%,但继续延长浸出时间对金属浸出率影响不大。尽管锌浸出率较高,但所需浸出时间较长。对于高铁闪锌矿,锌的浸出率通常仅需1~1.5 h即可达98%以上。这主要是由于本试验所用的锌精矿含铁仅为6.03%,且其主要以难溶黄铁矿(FeS_2)形式存在,使得浸出体系缺少传递氧的Fe^{2+},硫化锌精矿浸出动力不佳。另外,该锌精矿中部分镓与黄铁矿伴生,使得镓的浸出率较低。

4.2.3 Fe^{2+}浓度的影响

由硫化锌精矿浸出机理可知,铁是氧的有效载体,当锌精矿中铁含量低,或铁主要以黄铁矿、白铁矿形式存在时,铁的浸出率较低。这不仅导致锌浸出率低，还使得浸出渣中未反应的硫化物颗粒增多，给后续单质硫的回收带来困难。因此，可通过在浸出体系中引入一定量 Fe^{2+} 来提高氧的传递效率。

在温度为 150℃、浸出时间为 2 h、氧分压为 0.8 MPa、木质素磺酸钠添加量为 0.5 g/L、搅拌速度为 600 r/min、Zn^{2+} 浓度为 60 g/L、硫酸浓度为 180 g/L 的条件下，考察了初始 Fe^{2+} 浓度对 Zn、Fe、Ga、Ge 浸出率的影响，结果如图 4-5 所示。

由图 4-5 可知，在 Fe^{2+} 浓度为 0~3 g/L 的范围内，随着 Fe^{2+} 浓度的增大，Zn、Fe、Ga、Ge 的浸出率逐渐提高。在 Fe^{2+} 浓度为 3 g/L 时，Zn、Fe、Ga、Ge 的浸出率分别可达 97.13%、75.79%、87.75%、90.15%。继续增加 Fe^{2+} 浓度，Ga、Fe 的浸出率也相应降低，而 Zn、Ge 的浸出率基本保持不变。硫化锌精矿氧压浸出反应可由式(4-1)和式(4-2)表示。Fe^{2+} 实质上是在浸出反应中起到传递氧的作用，其在浸出液中的浓度直接影响了硫化锌的浸出速率。当 Fe^{2+} 浓度超过一定范围时，黄铁矿的浸出受其反应动力学影响，导致 Fe、Ga 的浸出率缓慢降低。故适宜的 Fe^{2+} 浓度为 3 g/L。

$$ZnS+2Fe^{3+} = Zn^{2+}+2Fe^{2+}+S^0 \tag{4-1}$$

$$2Fe^{2+}+2H^++0.5O_2 = 2Fe^{3+}+H_2O \tag{4-2}$$

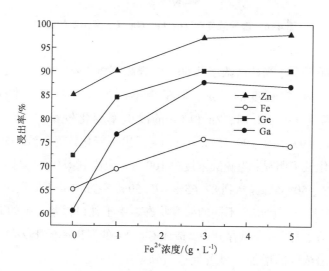

图 4-5　Fe^{2+} 浓度对硫化锌精矿中 Zn、Fe、Ga、Ge 浸出率的影响

4.2.4 硫酸浓度的影响

在温度为150℃、浸出时间为2 h、氧分压为0.8 MPa、木质素磺酸钠添加量为0.5 g/L、搅拌速度为600 r/min、Zn^{2+}浓度为60 g/L、Fe^{2+}浓度为3 g/L的条件下,考察了硫酸浓度对Zn、Fe、Ga、Ge浸出率的影响,其结果如图4-6所示。

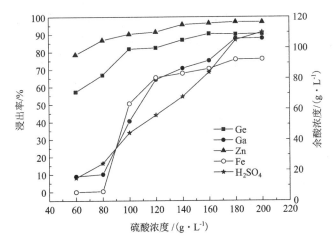

图4-6 硫酸浓度对 Zn、Fe、Ga、Ge 浸出率的影响

从图4-6可知,当硫酸浓度从60 g/L提高到200 g/L时,Zn、Fe、Ga和Ge的浸出率均有一定程度的增加,但呈现不同的变化趋势。当硫酸浓度从100 g/L提高到180 g/L时,Zn和Ge的浸出率变化较小,分别从90.24%、81.80%提高到97.13%、90.15%。Ga、Fe浸出率变化较为一致,随着硫酸浓度的增加,变化较为明显;当硫酸浓度由100 g/L提高到180 g/L时,其浸出率分别由40.58%、50.55%提高到87.65%、75.59%。Ga、Ge不同浸出行为主要归于 Ga、Ge 在凡口铅锌矿中不同的赋存状态。由于凡口锌精矿中的 Fe 主要以黄铁矿形式存在,部分 Ga 赋存其中,造成 Ga、Fe 的浸出率低于 Zn、Ge。由此可推断出,硫酸浓度的增加可显著促进黄铁矿的反应,加速 Ga、Fe 的浸出。另外,硫酸浓度的增加可促进 Fe^{2+} 的氧化,加速金属硫化物的浸出。当硫酸浓度低于100 g/L时,由于溶液中的铁会以铁钒形式沉降,如图4-7所示。铁钒在沉淀过程中，会造成溶液中部分 Ga、Ge 的共沉淀。因此，提升硫酸的浓度有助于锌精矿的浸出。但是硫酸浓度过高，不利于后续净化工序的进行，应在保证 Zn、Fe、Ga、Ge 的浸出率的前提下，降低酸度，故最优的硫酸浓度在 180 g/L。

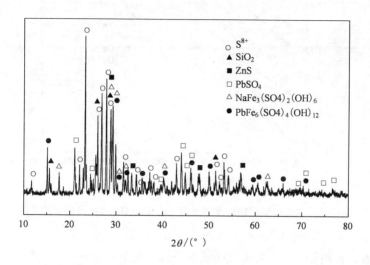

图 4-7　低酸浸出渣 XRD 图谱（H_2SO_4: 80 g/L）

4.2.5　表面活性剂的影响

在温度为 150℃、浸出时间为 2 h、氧分压为 0.8 MPa、搅拌速度为 600 r/min、Zn^{2+} 浓度为 60 g/L、Fe^{2+} 浓度为 3 g/L、硫酸浓度为 180 g/L 的条件下，考察木质素磺酸钠的添加量对 Zn、Fe、Ga、Ge 浸出率的影响，结果如图 4-8 所示。

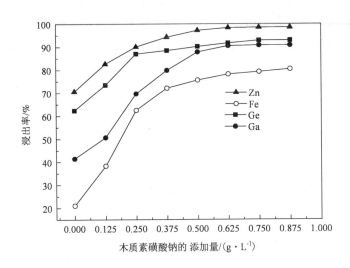

图4-8　木质素磺酸钠的添加量对 Zn、Fe、Ga、Ge 浸出率的影响

由图4-8可知，当木质素磺酸钠的添加量由0增加到0.5 g/L时，Zn、Fe、Ga、Ge的浸出率分别由70.65%、21.05%、41.50%、62.35%提高到97.13%、87.75%、75.79%、90.15%，继续增加木质素磺酸钠对各金属的浸出无明显的促进作用。木质素磺酸钠之所以能够促进Zn、Fe、Ga、Ge的浸出，主要是因为硫化锌精矿氧压浸出时，在颗粒表面进行的气-固-液多相反应。在150℃时，单质硫为熔融状态。由于硫化矿及单质硫的表面均是疏水性的，硫化矿颗粒很难被水润湿，反而容易被熔融的单质硫包裹起来，阻碍了硫化锌精矿颗粒与溶液及氧气的接触，不利于浸出过程的进行。表面活性剂——木质素磺酸钠可改变硫化矿物与元素硫的表面性质和表面能，消除单质硫对硫化矿的包裹，有利于锌精矿浸出过程的进行。

4.2.6　Cu^{2+}浓度的影响

在温度为150℃、氧分压为0.8 MPa、木质素磺酸钠添加量为0.5 g/L、搅拌速度为600 r/min、Zn^{2+}浓度为60 g/L、Fe^{2+}浓度为3 g/L、硫酸浓度为180 g/L的条件下，分别在浸出时间为45 min、120 min时，考察了初始Cu^{2+}浓度对Zn、Fe、Ga、Ge浸出率的影响，结果分别如图4-9、图4-10所示。

从图4-9、图4-10可知，当添加少量铜离子时，Ge、Ga、Zn、Fe的浸出率都有显著提高；当 Cu^{2+} 浓度 0.3 g/L 时，硫化锌精矿浸出 45 min 时，锌的浸出率已达到 90% 以上，Ga、Ge 的浸出率均在 80% 左右，Cu^{2+} 具有较好的催化效果。在浸出时间为 120 min、Cu^{2+} 浓度为 0.1 g/L 时，Zn、Fe、Ga、Ge 的浸出率分别可达 98.33%、88.16%、93.05%、97.01%；当 Cu^{2+} 浓度继续提高时，其对各金属元素的浸出率影响不大。

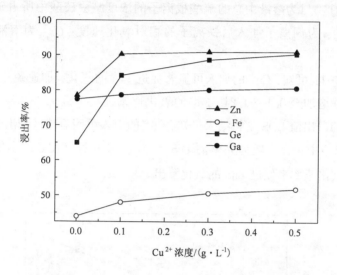

图 4-9 Cu^{2+} 浓度对 Zn、Fe、Ga、Ge 浸出率的影响(45 min)

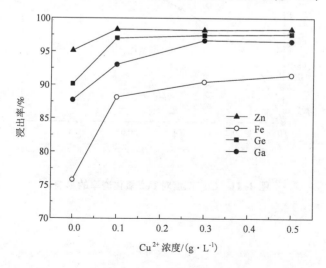

图 4-10 Cu^{2+} 浓度对 Zn、Fe、Ga、Ge 浸出率的影响(120 min)

Cu^{2+}之所以能提高锌精矿中各金属的浸出率，主要是因为Cu^{2+}对溶液中Fe^{2+}的氧化具有显著的催化效果。Fe^{2+}的氧化速率可由公式（4-3）计算得出，其结果如图4-11所示。

$$-\frac{d[Fe^{2+}]}{dt}=40\times10^9 e^{(\frac{-80300}{RT})}(1.0+5.0[Cu^{2+}]^{0.5})[Fe^{2+}]^2 P_{O2,\,aq}[(SO_4^{2-})']{[H_2SO_4]}^{-0.5} \quad (4-3)$$

式中：$[(SO_4^{2-})']$为溶液中总的硫酸根离子的浓度减去硫酸中所占硫酸根离子的浓度；$V_{Fe^{2+}}$为铜离子加入后铁离子的相对氧化速度；$C_{Cu^{2+}}$为溶液中铜离子浓度。

由图4-11可知，Cu^{2+}的加入可显著促进Fe^{2+}的氧化，加速硫化锌的反应。当Cu^{2+}由0增加至0.1 g/L时，Fe^{2+}的氧化速率提高了近1.58倍。由图4-12及表4-3的浸出渣 EDS 分析结果可知，Cu^{2+}的引入可明显减低浸出渣中的锌含量，但浸出渣中仍存在较为完整的FeS_2颗粒。这表明引入Cu^{2+}主要是通过提高Fe^{2+}的氧化速率来促进 ZnS 的氧化浸出。

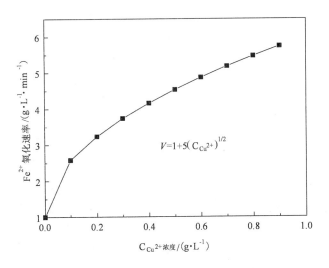

图4-11 Cu^{2+}浓度对Fe^{2+}氧化速率的影响

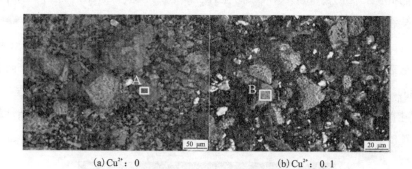

(a) Cu^{2+}: 0   (b) Cu^{2+}: 0.1

图 4-12 浸出渣背散射结果

表 4-3 浸出渣 EDS 分析结果   单位: %

a	Fe	S	Zn	b	Fe	S	Zn
map scanning	13.23	31.67	47.26	map scanning	7.88	28.97	26.79
A	47.74	52.26	0.00	B	46.65	53.35	0.00
A	34.41	65.59	0.00	B	33.43	66.57	0.00

4.3 浸出渣中镓、锗分布

从图 4-13、表 4-4 所示的浸出渣电子探针分析结果可知，区域 1、3、5、6、7、10 和 13 主要物相为 FeS_2，含有少量镓。由于黄铁矿性质较为稳定，使得镓浸出率较低。区域 12 主要物相为石膏($CaSO_4 \cdot 2H_2O$)，区域 2、11、14、15 主要物相为石英(SiO_2)，区域 8、9 主要物相为铅矾($PbSO_4$)，这些物相是在浸出过程中形成的新物相。在石膏、石英和铅矾沉淀过程中会造成 Ga、Ge 的共沉淀损失，使得 Ga、Ge 的浸出率较低。为验证上述推论，试验考察了 PbS、CaO添加量对硫化锌精矿中 Ga、Ge 浸出率的影响，其结果如表 4-5 所示。由表4-5 可知，随着 PbS 的加入，铅矾生成量增多，Ga、Ge 的损失率增加，且 Ge 的损失率高于 Ga。而石膏的生成使得 Ga 的损失率较大，当氧化钙的加入量为8 g/L 时，Ga、Ge 的损失率分别在 3%、0.3%。从表 4-6 中锌精矿、浸出渣中硅的物相分析可知，锌精矿中的硅主要以 SiO_2、$MeO \cdot SiO_2$ 等物相存在；而浸

出渣的硅除以 SiO_2、$MeO \cdot SiO_2$ 存在外，部分以 $SiO_2 \cdot nH_2O$ 存在。锌精矿的硅酸盐在浸出过程中的转变如式 4-4 所示。

$$MeO \cdot SiO_2 \longrightarrow SiO_2 \cdot nH_2O \longrightarrow SiO_2 \qquad (4-4)$$

从表 4-6 可知，Ga、Ge 在硅胶中的含量分别为 0.008%、0.014%；而在石英(SiO_2)中的含量分别为 0.016% 和 0.022%。由此可推断，在浸出过程中，溶解的硅首先形成硅胶，而硅胶对 Ga、Ge 具有吸附性，在硅胶转变为结晶性较好的石英时，被吸附的 Ga、Ge 会损失在渣中，使得 Ga、Ge 的浸出率偏低。

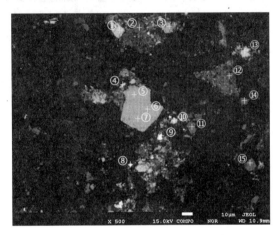

图 4-13　氧压浸出渣电子探针结果

[180 g/L H_2SO_4, 120 min, 0.8 MPa, 150℃, L/S(mL/g)：8：1,

Zn^{2+}：60 g/L, Fe^{2+}：3 g/L, Cu^{2+}：0.1g/L, 木质素磺酸钠：0.5 g/L]

表 4-4　高压氧浸浸出渣电子探针分析结果　　　　单位：%

区域	O	Si	Ge	S	Ga	Zn	Fe	Pb	Ca
1	0.371	0.029	0.000	52.229	0.000	0.041	45.182	0.010	0.010
2	50.879	47.130	0.018	0.107	0.019	0.195	0.125	0.012	0.041
3	9.547	6.024	0.011	44.126	0.024	2.781	34.072	0.010	0.056
4	1.172	0.001	0.000	33.069	0.011	65.373	2.107	0.231	0.034
5	1.065	0.003	0.016	52.097	0.012	1.395	44.355	0.325	0.031
6	0.651	0.006	0.000	52.559	0.022	0.818	45.311	0.246	0.000
7	0.947	0.011	0.000	53.194	0.018	1.048	44.785	0.366	0.005

续表4-4

区域	O	Si	Ge	S	Ga	Zn	Fe	Pb	Ca
8	18.935	0.024	0.014	11.306	0.000	0.624	0.068	65.906	1.455
9	20.468	0.011	0.000	10.196	0.000	0.465	0.000	66.134	0.146
10	2.458	0.815	0.015	41.436	0.016	12.096	26.326	0.613	0.123
11	52.756	45.650	0.021	0.107	0.015	0.206	0.421	0.212	0.041
12	42.957	0.008	0.000	13.221	0.023	0.022	0.008	0.060	41.002
13	0.672	0.008	0.000	52.869	0.000	0.243	45.309	0.000	0.009
14	56.580	39.460	0.015	1.348	0.018	0.145	0.125	0.012	1.560
15	54.245	42.721	0.017	0.455	0.015	0.104	0.228	0.008	0.007
平均值	20.913	12.126	0.008	27.887	0.012	5.703	19.228	8.943	2.968

主要物相: 1、3、5、6、7、10、13, FeS_2; 4, ZnS; 12, $CaSO_4$; 2、11、14、15–SiO_2; 8、9–$PbSO_4$.

表 4-5　PbS、CaO 的添加量对镓、锗浸出率的影响

($180 g/L H_2SO_4$, 120 min, 0.8 Mpa, 150℃, L/S(mL/g): 8:1, Zn^{2+}:

$60 g/L$, Fe^{2+}: 3 g/L, Cu^{2+}: 0.1 g/L, 木质素: 0.5 g/L)

PbS/($g \cdot L^{-1}$)	Ge/%	Ga/%	CaO($g \cdot L^{-1}$)	Ge/%	Ga/%
0	97.00	93.50	0	97.00	93.50
2	96.44	93.45	2	97.08	92.15
4	95.68	93.14	4	96.76	91.56
8	94.21	92.76	8	96.62	90.38

表 4-6　锌精矿和浸出渣中硅物相分析及镓锗在各物相中的分布　单位: %

硅物相	锌精矿		浸出渣			
	质量分数/%	分布/%	质量分数/%	分布/%	Ge/wt %	Ga/wt %
SiO_2	1.781	66.43	6.292	94.36	0.016	0.022
$SiO_2 \cdot nH_2O$	0.000	0.00	0.214	3.21	0.008	0.014
$MeO \cdot SiO_2$	0.900	33.57	0.162	2.43	0.000	0.000
共计	2.681	100	6.668	100	0.024	0.036

4.4 本章小结

(1)凡口锌精矿氧压浸出工艺中,Ga、Ge、Fe 的浸出率始终低于 Zn 的浸出率,而 Ga 的浸出率始终低于 Ge 浸出率的 10%左右。

(2)镓、锗浸出率明显偏低的主要原因:1)石英和黄铁矿晶格中夹杂的少量镓难以浸出,导致镓的浸出率较低;2)浸出过程中,已浸出的镓、锗与反应形成的铅矾、石膏和硅胶等发生共沉淀,导致镓、锗损失。

(3)提高氧分压、硫酸浓度,以及延长浸出时间均有利于闪锌矿、黄铁矿、方铅矿等矿物的浸出。本试验最适宜的氧分压为 0.8 MPa、硫酸浓度 180 g/L、浸出时间为 2 h。Fe^{2+}、Cu^{2+} 的引入均能有效提高 Ge、Ga 的浸出率,在 Fe^{2+} 浓度为 0.3 g/L、Cu^{2+} 浓度为 0.1 g/L 时,Ga、Ge 的浸出率分别可达 93.05%、97.01%。

第 5 章

锌粉置换渣高效浸出工艺研究

国内某冶炼厂氧压浸出液,采用焙砂中和、锌粉置换工艺富集溶液中的镓和锗,得到含镓、锗较高的锌粉置换渣,该锌粉置换渣属于高硅、高铁难处理物料。现阶段该厂采用传统的硫酸浸出工艺,锌粉置换渣中锗的浸出率在60%左右,且矿浆的过滤性能极差,严重影响了企业的生产效率。为此,本章节对锌粉置换渣中镓、锗的高效浸出展开了系统研究,其中包括高压硫酸浸出工艺、常压助浸工艺、草酸浸出工艺、两段(一段硫酸,二段草酸)浸出工艺。

5.1　浸出机理

5.1.1　金属−水系 E−pH 图

计算绘制 $Ga-H_2O$、$Ge-H_2O$ 的 pH 图,为后续的浸出试验奠定理论基础。在金属−水系中,主要反应可概括为 3 类:

(1)有 H^+ 参与反应,而无电子转移时:

$$aA+nH^+=bB+cH_2$$

$$\Delta_r G_m = \Delta_r G_m^\theta + RT\ln\left[\frac{\alpha_B^b}{\alpha_A^a \cdot \alpha_H^n}\right] \tag{5-1}$$

反应平衡时: $\Delta_r G_m=0$,可推导出

$$pH = -\frac{\Delta_r G_m^\theta}{2.303nRT} - \frac{1}{n}lg\left[\frac{\alpha_B^b}{\alpha_A^a}\right] \tag{5-2}$$

(2)有电子转移,而无 H^+ 参与反应时:

$$aA + zE = bB$$

$$\Delta_r G_m = \Delta_r G_m^\theta + RTln\left[\frac{\alpha_B^b}{\alpha_A^a}\right] \tag{5-3}$$

$$\Delta_r G_m = -zFE \tag{5-4}$$

$$E^\theta = -\frac{\Delta_r G_m^\theta}{zF} \tag{5-5}$$

由式(5-3)、式(5-4)、式(5-5)可得:

$$E = E^\theta - \frac{RT}{zF}ln\left[\frac{\alpha_B^b}{\alpha_A^a}\right] \tag{5-6}$$

(3)既有电子转移,又有 H^+ 参与反应时:

$$aA + nH^+ + ze = bB + cH_2O$$

$$\Delta_r G_m = \Delta_r G_m^\theta + RTln\left[\frac{\alpha_B^b}{\alpha_A^a \cdot \alpha_H^n}\right] \tag{5-7}$$

由式(5-4)、式(5-5)、式(5-7)可得:

$$E = E^\theta - \frac{RT}{zF}ln\left[\frac{\alpha_B^b}{\alpha_A^a}\right] - 2.303\frac{RT}{zF}pH \tag{5-8}$$

在 298.15 K 下,由表 5-1、表 5-2 列出的热力学数据,绘制出 Ge-H_2O 系 Ge-H_2O 系 E-pH 图,如图 5-1 所示。

表 5-1　298.15 K 时 Ge-H_2O 系稳定存在物种的 $\Delta_f G_m^\theta$

物种	GeO	Ge^{4+}	GeO_2	H_2GeO_3	$HGeO_3-$	GeO_3^{2-}	GeH_4	H^+	H_2O
$\Delta_f G^\Theta$	-292	-47.86	-568.90	-780.82	-732.34	-660.02	-334.61	0	-236.96

表 5-2　298.15K 时 Ge-H₂O 系物种间反应及其 E-pH 关系式(101325 Pa)

编号	反应	E-pH 关系
1	$GeO+2H_2O \Longrightarrow H_2GeO_3+2H^++2e$	$E=-0.074-0.0591pH+0.0295lg(a_{H_2GeO_3})$
2	$H_2GeO_3 \Longrightarrow H^++HGeO_3^-$	$pH=8.52-lg(a_{HGeO_3^-}/a_{H_2GeO_3})$
3	$Ge+3H_2O \Longrightarrow HGeO_3^-+5H^++4e$	$E=-0.056-0.0738pH+0.0148lg(a_{HGeO_3^-})$
4	$GeO_2+H_2O \Longrightarrow HGeO_3^-+2H^+$	$pH=12.83-lg(a_{HGeO_3^-})$
5	$HGeO_3^- \Longrightarrow H^++GeO_3^{2-}$	$pH=12.72-lg(a_{GeO_3^{2-}}/a_{HGeO_3^-})$
6	$Ge+3H_2O \Longrightarrow GeO_3^{2-}+6H^++4e$	$E=-0.132-0.0886pH+0.0148lg(a_{GeO_3^{2-}})$
7	$Ge+H_2O \Longrightarrow GeO+2H^++2e$	$E=-0.246-0.0591pH$
8	$GeH_4 \Longrightarrow Ge+4H^++4e$	$E=-0.867-0.059pH-0.01475lg(1/a_{GeH_4})$
9	$NO_3^-+3H^++2e^- \Longrightarrow HNO_2+H_2O$	$E=0.94-0.086pH-0.00296lg(a_{HNO_2}/a_{NO_3^-})$
a	$0.5O_2+2H^++2e \Longrightarrow H_2O$	$E=1.2292-0.0591pH$
b	$2H^++2e \Longrightarrow H_2$	$E=-0.0591pH$

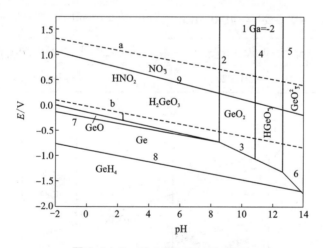

图 5-1　Ge-H₂O 系 pH(298.15K)

在 298.15 K 下, 由表 5-3、表 5-4 列出的与 Ga 相关物种的热力学数据, 绘制出 Ga-H₂O 系 pH 图, 如图 5-2 所示。

表 5-3　298.15K 下 Ga-H₂O 系稳定存在物种的 $\Delta_f G_m^{\Theta}$

物种	Ga	Ga^{3+}	$Ga(OH)_3$	GaO_2^-	H^+	H_2O
$\Delta_f G_m^{\Theta}$	0	−162.12	−831.48	−538.65	0	−236.96

表 5-4　298.15 K 时 Ga-H₂O 系各物种间反应及 E-pH 关系式(101325 Pa)

编号	反应	E-pH 关系
1	$Ga \Longrightarrow Ga^{3+} + 3e$	$E = -0.5600 - 0.0197\lg(a_{Ga^{3+}})$
2	$Ga^{3+} + 3H_2O \Longrightarrow Ga(OH)_3 + 3H^+$	$pH = 2.4054 - 0.3333\lg(a_{H^{+3}}/a_{Ga^{3+}})$
3	$Ga + 3H_2O \Longrightarrow Ga(OH)_3 + 3H^+ + 3e$	$E = -0.4166 - 0.0197\lg(a_{H^{+3}}) - 0.0591pH$
4	$Ga(OH)_3 \Longrightarrow GaO_2^- + H_2O + H^+$	$pH = 9.7917 - \lg(a_{H^+} \cdot a_{GaO_2^-})$
5	$Ga + 2H_2O \Longrightarrow GaO_2^- + 4H^+ + 3e$	$E = -0.2236 - 0.0197\lg(a_{H^{+4}} \cdot a_{GaO_2^-}) - 0.0788pH$
6	$NO_3^- + 3H^+ + 2e^- \Longrightarrow HNO_2 + H_2O$	$E = 0.94 - 0.086pH - 0.00296\lg(a_{HNO_2}/a_{NO_3^-})$
a	$H_2O \Longrightarrow 0.5O_2 + 2H^+ + 2e$	$E^{\Theta} = 1.2292 - 0.0591pH$
b	$H_2 \Longrightarrow 2H^+ + 2e$	$E^{\Theta} = -0.0591pH$

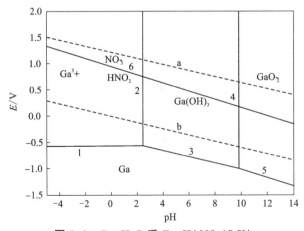

图 5-2　Ga-H₂O 系 E-pH(298.15 K)

5.1.2　Me_xO_y-H_2O 系 lg[Me]$_T$-pH 图

根据表 5-5、表 5-6 中列出的热力学数据，绘制了 Me_xO_y-H_2O 系 lg[Me]$_T$-pH 图，如图 5-3 所示。

表 5-5　相关反应极其 lg K 值(298.15 K, 101325 Pa)

物种	equation	lg K
$HGaO^{2+}$	$Ga^{3+}+OH^-=HGaO^{2+}$	11
H_2GaO_{2+}	$Ga^{3+}+2OH^-=H_2GaO_{2+}$	21.7
$H_4GaO_{4^-}$	$Ga^{3+}+4OH^-=H_4GaO_{4^-}$	34.3
$H_5GaO_5^{2-}$	$Ga^{3+}+5OH^-=H_5GaO_5^{2-}$	38
$H_6GaO_6^{3-}$	$Ga^{3+}+6OH^-=H_6GaO_6^{3-}$	40.3
$CuOH^+$	$Cu^{2+}+OH^-=CuOH^+$	7.0
$Cu(OH)_2(aq)$	$Cu^{2+}+2OH^-=Cu(OH)_2(aq)$	13.68
$Cu(OH)_{3-}$	$Cu^{2+}+3OH^-=Cu(OH)_{3-}$	17
$Cu(OH)_4^{2-}$	$Cu^{2+}+4OH^-=Cu(OH)_4^{2-}$	18.5
$FeOH^+$	$Fe^{2+}+OH^-=FeOH^+$	5.56
$Fe(OH)_2(aq)$	$Fe^{2+}+2OH^-=Fe(OH)_2(aq)$	9.77
$Fe(OH)_{3-}$	$Fe^{2+}+3OH^-=Fe(OH)_{3-}$	9.67
$Fe(OH)_4^{2-}$	$Fe^{2+}+4OH^-=Fe(OH)_4^{2-}$	8.58
$Fe(OH)^{2+}$	$Fe^{3+}+OH^-=Fe(OH)^{2+}$	11.87
$Fe(OH)_{2+}$	$Fe^{3+}+2OH^-=Fe(OH)_{2+}$	21.17
$Fe(OH)_3(aq)$	$Fe^{3+}+3OH^-=Fe(OH)_3(aq)$	29.67
$ZnOH^+$	$Zn^{2+}+OH^-=ZnOH^+$	4.40
$Zn(OH)_2(aq)$	$Zn^{2+}+2OH^-=Zn(OH)_2(aq)$	11.30
$Zn(OH)_{3-}$	$Zn^{2+}+3OH^-=Zn(OH)_{3-}$	14.14
$Zn(OH)_4^{2-}$	$Zn^{2+}+4OH^-=Zn(OH)_4^{2-}$	17.66
$HGeO_{3-}$	$H_2GeO_3=H^++HGeO_{3-}$	-9.01
GeO_3^{2-}	$HGeO_{3-}=H^++GeO_3^{2-}$	-12.30

表 5-6　相关金属氧化物的标准吉布斯自由能(298. 15 K, 101325 Pa)

物种	$\Delta_f G_m^\Theta$	species	$\Delta_f G_m^\Theta$
CuO	−129. 7	Cu^{2+}	65. 52
ZnO	−320. 52	Zn^{2+}	−147. 1
FeO	−251. 4	Fe^{2+}	−78. 87
Fe_2O_3	−742. 2	Fe^{3+}	−4. 7
Ga_2O_3	−998. 3	Ga^{3+}	−162. 12

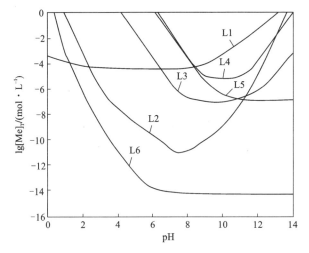

L1: $[Ge]_T = H_2GeO_3 + HGeO_3^- + GeO_3^{2-}$; L2: $[Ga]_T = Ga^{3+} + HGaO^{2+} + H_2GaO_2^+ + H_4GaO_4^-$

$+ H_5GaO_5^{2-} + H_6GaO_6^{3-}$; L3: $[Cu]_T = Cu^{2+} + CuOH^+ + Cu(OH)_2(aq) + Cu(OH)_3^- + Cu$

$(OH)_4^{2-}$; L4: $[Zn]_T = Zn^{2+} + ZnOH^+ + Zn(OH)_2(aq) + Zn(OH)_3^- + Zn(OH)_4^{2-}$; L5:

$[Fe]_T = Fe^{2+} + FeOH^+ + Fe(OH)_2(aq) + Fe(OH)_3^- + Fe(OH)_4^{2-}$; L6: $[Fe]_T = Fe^{3+} + Fe$

$(OH)^{2+} + Fe(OH)^{2+} + Fe(OH)_{3(aq)}$。

图 5-3　Me_xO_y-H_2O 系 lg[Me]$_T$-pH(298. 15 K)

　　从 3.2 节中锌粉置换镓锗渣的物相分析表明, 该物料中部分 Ga、Ge 以单质或硫化物存在。为实现 Ga、Ge 的高效浸出, 将这部分 Ga、Ge 转化为相应的易溶的氧化物是十分必要的。由图 5-1、图 5-2 可知，Ga、Ge 可被氧气、硝酸根氧化，因此，硝酸盐引入有利于 Ga、Ge 的浸出。另外，锗物相在碱性区域浸出效果较好。相对于锗，镓的浸出较为容易，其在酸性或碱性条件下均能浸出。由于在碱性区域及低酸区 Fe^{2+}、Fe^{3+} 会水解沉淀，且 Ga、Ge 本身具有亲铁性，铁离子的沉淀势必会造成 Ga、Ge 的损失。因此，要获得理想的 Ga、Ge 浸出率，浸出体系要维持较高的浸出酸度。从图 5-3 可知，在强酸性区域内，各金属氧化物的溶解顺序为：$ZnO>FeO>CuO>Ga_2O_3>Fe_2O_3>GeO_2$。由于部分 Ga 和 Ge 伴生于含铁物相中，因此，为实现 Ga、Ge 的高效浸出，浸出体系应保持较高的酸度。

5.2　高压浸出工艺

5.2.1　硫酸浓度的影响

在温度为 150℃、时间为 3 h、液固比为 4 的条件下，考察了硫酸浓度对锌粉置换镓锗渣中 Ga、Ge 浸出率及浸出矿浆过滤性能的影响，结果如图 5-4 所示。

从图 5-4 可知，Ga、Ge 的浸出率均随硫酸浓度的增加而增加。当硫酸浓度达到 156 g/L 时，继续增加硫酸浓度，Ga 的浸出率稍有增加，但 Ge 的浸出率随之降低。当硫酸浓度为 156 g/L 时，Ga、Ge 的浸出率分别可达 90.83%、65.06%；锌粉置换镓锗渣中，Ga、Ge 之所以呈现不同的浸出趋势，主要因为在硫酸浓度为 0~300 g/L 时，随着硫酸浓度的增加，二氧化锗溶解度迅速降低（图 5-5），并以 GeO_2 形态沉降。此外，由图 5-4 也可看出，矿浆的过滤性能随硫酸浓度的增加而变差。这主要是因为过高的硫酸浓度促使锌粉置换渣中大量的硅被浸出，形成硅溶胶，影响了浸出渣的过滤性能；另外，由于硅胶对 Ga、Ge 具有较强的吸附作用，因而会造成 Ga、Ge 损失。

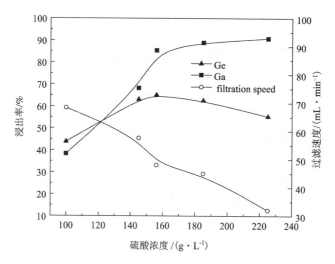

图 5-4 硫酸浓度对 Ga、Ge 浸出率及浸出渣过滤性能的影响

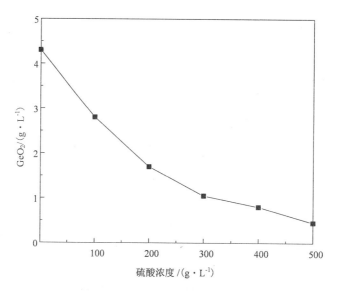

图 5-5 GeO$_2$ 在硫酸水溶液中的溶解度

为验证锌粉置换渣中 Si 对 Ga、Ge 浸出的不利影响,在高压反应釜中配制 Ga、Ge 均为 200 mg/L、H$_2$SO$_4$ 为 156 g/L 的模拟溶液;向其加入不同质量的硅酸锌,使其浓度分别为 5 g/L、10 g/L、15 g/L、20 g/L、30 g/L,并在 150℃分别浸出 1 h。浸出结束后,溶液中镓、锗浓度的变化如表 5-7 所示。

表 5-7　不同硅酸锌添加量下镓、锗的损失率

Zn$_2$SiO$_4$/(g · L^{-1})	损失率/%	
	Ge	Ga
5	5.30	3.40
10	9.53	5.40
15	14.50	8.30
20	19.20	11.90
30	21.60	12.44

从表 5-7 知，当硅酸锌用量由 5 g/L 提高到 30 g/L 时，溶液中 Ga、Ge 的损失率分别由 3.40%、5.30% 提高到 12.44%、21.60%。其中，硅酸锌的添加量对锗的影响尤为明显。随着硅酸锌用量的增加，矿浆的过滤性能逐渐变差。

5.2.2　液固比的影响

在温度为 150℃、时间为 3 h、H$_2$SO$_4$ 硫酸浓度为 156 g/L 的条件下，考察了液固比对 Ga、Ge 浸出率及矿浆过滤性能的影响，结果如图 5-6 所示。

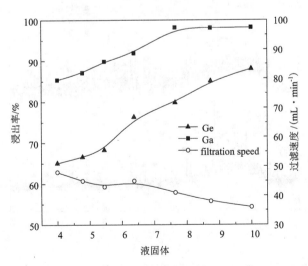

图 5-6　液固比对 Ga、Ge 浸出率及浸出渣过滤性能的影响

由图 5-6 可知，随着液固比的增加，Ga、Ge 的浸出率逐渐提高，浸出矿浆的过滤性能逐渐变差。当液固比由 4 增加至 10 时，Ga、Ge 的浸出率分别从 85.87%、65.06% 增加至 98.37%、86.07%；矿浆的过滤速度，由 48 mL/min 降低到 36 mL/min。这是由于 Ga、Ge 主要以难溶性的锗酸盐和镓酸盐形态存在，其浸出受制于锗酸盐和镓酸盐的溶解所致，随着液固比的增加，镓酸盐、锗酸盐在溶液中的溶解量增多。尽管液固比的增加对硅的浸出影响较小，但其对溶液中硅的行为影响较大。在高液固比时，溶液中的 Si 主要以 H_4SiO_4（硅胶）形式存在；在低液固比时，溶液中的 Si 主要以结晶性较好的 SiO_2 存在，具体反应如式(5-9)~式(5-11)所示。这点也可从图 5-7 中证实，高液固比下浸出渣的结晶性较差。

①高液固比

$$Zn_2SiO_4 + 2H_2SO_4 \longrightarrow 2ZnSO_4 + H_4SiO_4（硅胶） \tag{5-9}$$

②低液固比

$$Zn_2SiO_4 + 2H_2SO_4 + 12H_2O \longrightarrow 2(ZnSO_4 \cdot 6H_2O) + H_4SiO_4（硅胶） \tag{5-10}$$

部分水合硫酸锌同硅酸反应：

$$2(ZnSO_4 \cdot 6H_2O) + H_4SiO_4 \longrightarrow 2(ZnSO_4 \cdot 7H_2O) + SiO_2 \tag{5-11}$$

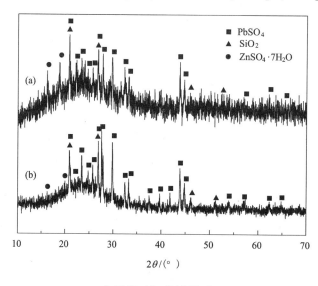

(a)$L/S=10$；(b)$L/S=4$。

图 5-7 不同液固下浸出渣 XRD 图谱

5.2.3　浸出时间的影响

在 H_2SO_4 硫酸浓度为 156 g/L、液固比为 8、温度为 150℃的条件下, 考察了浸出时间对 Ga、Ge 浸出率及矿浆过滤性能的影响, 其结果如图 5-8 所示。

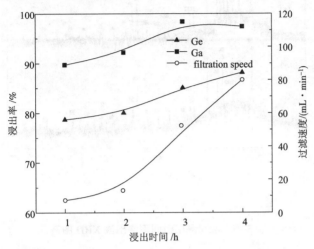

图 5-8　浸出时间对 Ga、Ge 浸出率及浸出渣过滤性能的影响

由图 5-8 可知, 随着浸出时间的增加, Ga、Ge 的浸出率及矿浆的过滤速度逐步提高。当浸出时间由 1 h 提高到 3 h 时, Ga、Ge 的浸出率分别由 89.72%、78.64% 提高到 98.37% 和 86.07%;矿浆的过滤速度由 7.5 mL/min 提高到 50 mL/min。当浸出时间继续由 3 h 提高到 4 h 时, Ga、Ge 的浸出率变化较小, 矿浆的过滤速度由 50 mL/min 提高到 80 mL/min。由此可知, 增加浸出时间可显著改善浸出渣的过滤性能。从图 5-9 中可知, 在高温高压条件下, 随着浸出时间的增加, 反应式 (5-12) 进行得更彻底, 促使浸出液中的无定型的硅胶转变为结晶性较好的 SiO_2, 大大改善了浸出渣的过滤性能。由表 5-8 可知, 随着时间的延长, 硅的浸出率增加。在时间为 40 min 时, Si 的浸出率高达 5.76%;继续延长浸出时间, 硅的浸出率呈下降趋势, 在时间为 4 h 时, Si 的浸出率只为 0.67%。这进一步证实了延长浸出时间有利于溶液中无定型硅胶聚合为结晶性较好的二氧化硅。

$$H_4SiO_4 \xrightarrow{\text{高温高压}} SiO_2 + 2H_2O \qquad (5-12)$$

表 5-8　浸出时间对硅浸出率的影响

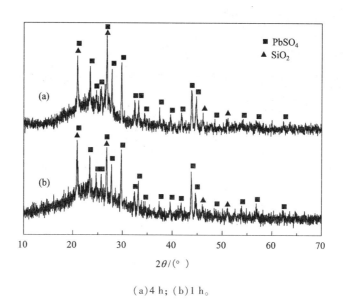

(a)4 h;(b)1 h。

图 5-9　不同浸出时间下浸出渣 XRD 图谱

浸出时间/min	20	40	60	120	180	240
硅浸出率/%	1.65	5.76	4.68	3.15	1.28	0.67

5.2.4　浸出温度的影响

在 H_2SO_4 硫酸浓度为 156 g/L、时间为 3 h、液固比为 8 的条件下,考察了浸出温度对 Ga、Ge 浸出率及矿浆过滤性能的影响,其结果如图 5-10 所示。

由图 5-10 可知,当浸出温度由 100℃提高到 200℃时,Ga、Ge 的浸出率变化不大,分别由 93.74%、81.68%提高到 95.33%、87.81%;浸出温度对矿浆的过滤性能影响较为显著,浸出液过滤速度由 7 mL/min 提高到 70 mL/min。这主要是因为温度的增加有利于浸出液中硅聚合反应的发生。从图 5-11 的浸出渣 SEM 图可知,在浸出温度为 200℃时得到的浸出渣,相比于浸出温度为 100℃时,粒度较粗,且形貌发育较好。另外,从图 5-12 浸出渣的 XRD 分析图谱可知,随着浸出温度的升高,浸出渣 SiO_2 的特征峰峰形变得更加尖锐，强度更大，表明 SiO₂ 结晶度较好。这些变化有利于改善浸出渣的过滤性能。

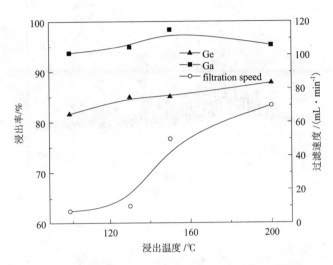

图 5-10　不同浸出温度对 Ga、Ge 浸出率及浸出渣过滤性能的影响

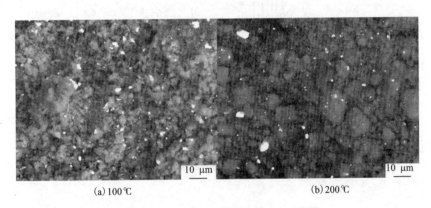

(a) 100℃　　　　　　　　　　(b) 200℃

图 5-11 不同温度下浸出渣的 SEM 结果

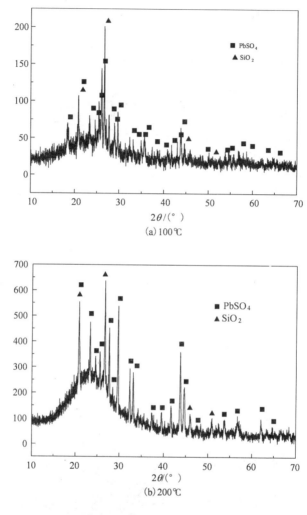

图 5-12　不同浸出温度下浸出渣的 XRD 图谱

5.2.5　助浸剂 $Ca(NO_3)_2$ 的影响

从 3.2 节锌粉置换镓锗渣的物相分析结果可知，Ga、Ge 在锌粉置换渣中主要以游离态或结合态的氧化物存在，部分 Ga、Ge 以单质或硫化物存在。根据 Ga、Ge 溶解性质可知，单质锗及以硫化物存在的锗比其余锗的物相更加难溶。为此，将具有氧化性的硝酸钙引入体系，其主要目的是将难溶的硫化物或单质转化为易溶的氧化物。在 H_2SO_4 硫酸浓度为 156 g/L、温度为 150℃、时间为 3 h、液固比为 8 的条件下,考察了 $Ca(NO_3)_2$ 用量对 Ga、Ge 等浸出率的影响,如图 5-13 所示。

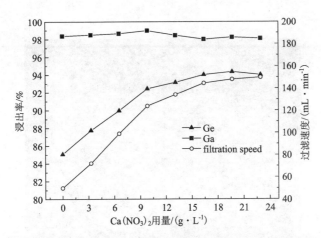

图 5-13 $Ca(NO_3)_2$ 用量对 Ga、Ge 浸出率及矿浆过滤性能的影响

从图 5-13 可知,当硝酸钙的加入量由 0 增加到 20 g/L 时,Ge 的浸出率由 85.07% 提高到 94.34%;Ga 的浸出率变化不大,在 98% 左右;矿浆的过滤速率由 50 mL/min 提高到 148 mL/min。从图 5-14、表 5-9 可知,在添加硝酸钙浸出体系下,Ga、Ge 在浸出渣中的平均含量分别为 0.054%、0.042%,且部分未浸出的 Ga、Ge 主要与硅富集在一起。硝酸盐显著改善锌粉置换渣中锗的浸出,主要是由于 NO_3^- 对锗单质及硫化物的氧化。其主要反应如式(5-13)~式(5-17)所示,反应的吉布斯自由能的变化如表 5-10 所示。从表 5-10 可知,单质锗及硫化物氧化反应的吉布斯自由能的变化均为负值,说明在浸出体系中引入硝酸钙作为氧化剂可有效促进单质锗及其硫化物的氧化反应。

$$GeS_2 + 4H^+ + 4NO_3^- \Longrightarrow GeO_2 + 2SO_2(g) + 4NO(g) + 2H_2O \qquad (5-13)$$

$$3Ge + 2H^+ + 2NO_3^- \Longrightarrow 3GeO + 2NO(g) + H_2O \qquad (5-14)$$

$$GeS + 2H^+ + 2NO_3^- \Longrightarrow GeO + 2NO(g) + H_2O + SO_2(g) \qquad (5-15)$$

$$Ga_2S_3 + 6H^+ + 6NO_3^- \Longrightarrow Ga_2O_3 + 6NO(g) + 3H_2O + 3SO_2(g) \qquad (5-16)$$

$$2Ga + 2H^+ + 2NO_3^- \Longrightarrow Ga_2O_3 + 2NO(g) + H_2O \qquad (5-17)$$

引入硝酸钙会显著改善浸出渣的过滤性能主要是因为:从图 5-12 可知,

在浸出体系中引入硝酸钙后,浸出渣中出现了纤维状硫酸钙,其结晶性明显优于未添加硝酸钙的浸出体系得到的浸出渣,如图 5-13 所示。在浸出体系中引入适量 $Ca(NO_3)_2$,不仅可以促进 Ga、Ge 的浸出,还可显著改善矿浆的过滤性能。

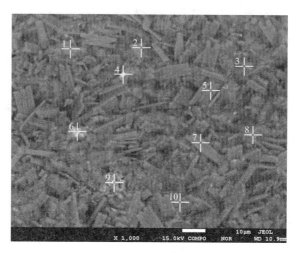

图 5-14 添加 $Ca(NO_3)_2$ 浸出体系下浸出渣电子探针微区分析结果

表 5-9 添加 $Ca(NO_3)_2$ 浸出体系下浸出渣电子探针定量分析结果 单位:%

区域	O	Ge	Fe	Zn	Si	Pb	S	Ca	Ga
1	42.547	0	0.056	0.085	0.891	0.827	21.167	31.712	0.075
2	52.787	0.102	0.938	0.381	27.514	0.249	5.776	10.393	0.029
3	51.861	0.097	0	0	21.688	0.9	10.688	14.468	0.102
4	31.399	0.044	0.647	0.022	5.619	50.877	7.562	3.578	0.019
5	42.507	0.036	0.025	0.145	4.742	0.431	20.891	30.145	0.005
6	32.45	0.001	0.795	0.034	8.452	47.658	6.432	3.450	0.002
7	41.524	0.004	0.0132	0.002	0.743	0.796	22.815	31.865	0.047
8	48.968	0.104	0.468	0.275	26.328	0.115	6.652	12.458	0.004
9	48.507	0.036	27.78	14.784	2.702	0	1.353	1.595	0.051
10	49.302	0.115	0.932	0.444	29.501	0.182	6.45	10.402	0.089

续表5-9

区域	O	Ge	Fe	Zn	Si	Pb	S	Ca	Ga
平均值	43.185	0.054	3.165	1.617	12.818	10.203	10.978	15.001	0.042

主要物相: 1、5、7 为 $CaSO_4$; 2、3、8、10 为 SiO_2、$CaSO_4$; 4、6 为 $PbSO_4$; 9 为 $ZnFe_2O_4$

表 5-10　镓、锗的单质及其硫化物氧化反应的吉布斯自由能的变化(423.15 K)

公式	$\Delta G^{\theta}/(kJ \cdot mol^{-1})$
5-13	-903.491
5-14	-488.678
5-15	-376.469
5-16	-1252.504
5-17	-920.295

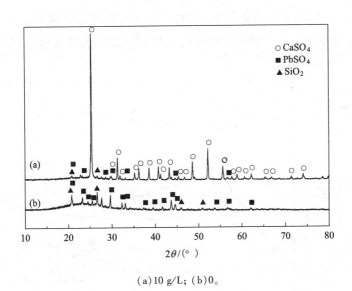

(a)10 g/L; (b)0。

图 5-15　不同硝酸钙浓度下的浸出渣的 XRD 图谱

5.3 常压浸出工艺

高压酸浸处理锌粉置换渣的结果表明：向浸出体系中引入助浸剂，可强化 Ga、Ge 的浸出，使得 Ga、Ge 的浸出率分别达 98%和 94%以上，且浸出渣的过滤性能得到明显改善。但由于高压酸浸设备复杂，投资及运行成本较高，难以工业化。然而，这一工作表明，在浸出体系中引入助浸剂的思路是可行的。为此，本章节拟在已有工作的基础上，通过向硫酸浸出体系中引入硝酸钠和十二烷基磺酸钠作为助浸剂，将物料中以金属和硫化物形态存在的 Ga、Ge 转化为易溶性的氧化物，同时抑制溶液中硅对 Ga、Ge 浸出的不利影响，改善浸出渣的过滤性能，实现锌粉置换渣中 Ga、Ge 的高效提取。

5.3.1 硫酸浓度的影响

在 $NaNO_3$ 浓度为 52.29 g/L、温度为 90℃、时间为 4 h、液固比为 10、十二烷基磺酸钠为 5.46 g/L 的条件下，考察了 H_2SO_4 硫酸浓度对 Ga、Ge、Fe、Cu、Zn 和 Si 浸出率及矿浆过滤性能的影响，其结果如图 5-14 所示。

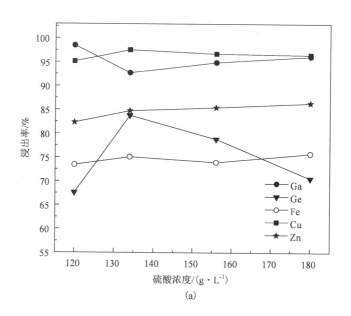

(a)

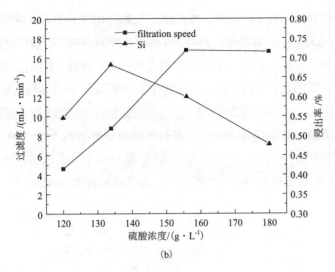

图 5-16　硫酸浓度对主要金属浸出率及浸出渣过滤性能的影响

由图 5-16(a)可知,当硫酸浓度由 120 g/L 增加到 180 g/L 时,Ga、Cu、Zn 和 Fe 的浸出率变化不大,均分别在 95%、97%、85% 和 75% 左右。但硫酸浓度对 Ge 的浸出影响较大,当硫酸浓度增加到 132 g/L 时,Ge 的浸出率达到 83.78%;进一步增加硫酸浓度时,Ge 的浸出率呈下降趋势,Ga 的浸出率则稍有增加。由图 5-16(b)可知,Si 的浸出率与 Ge 的浸出率呈现较好的一致性,这表明溶液中的硅在聚沉过程中伴随着锗的吸附损失。同时,由图 5-16(b)可知,在高硫酸浓度下,引入十二烷基磺酸钠,可有效改善矿浆的过滤性能,且酸度越高效果越明显。当硫酸浓度由 120 g/L 增加至 156 g/L 时,浸出液的过滤速度可由 4.63 mL/min 提高至 17.10 mL/min。因此,考虑 Ga、Ge 的浸出及矿浆的过滤性能,选择初始硫酸浓度 156 g/L 为宜。

5.3.2　浸出温度的影响

在 $NaNO_3$ 浓度为 52.29 g/L、H_2SO_4 硫酸浓度为 156 g/L、时间为 4 h、液固比为 10、十二烷基磺酸钠为 7.65 g/L 的条件下,考察了温度对 Ga、Ge、Fe、Cu、Zn 和 Si 浸出率及矿浆过滤性能的影响,其结果如图 5-17 所示。

由图 5-17(a)可知,随着浸出温度的升高,Ga、Ge、Cu 和 Zn 的浸出率均有不同程度的增加。但当浸出温度超过 90℃时,均有所下降。提高浸出温度,有利于浸出剂和金属离子的传质,改善浸出效果。由图 5-17(b)可知,在浸出温度低于 90℃条件下,随着温度的升高,Si 的浸出率逐步提高,浸出液的过滤速度逐步增加;当浸出温度超过 90℃时,Si 的浸出率有所降低,其浸出液的过滤速度减小。其主要原因是:1)温度的升高有利于硅胶聚沉物中非晶物相转为结晶态,使得浸出渣的过滤性能得到改善;2)在一定温度范围内,温度的升高使得十二烷基磺酸钠在溶液中的电离程度增大,有利于溶液中硅胶对十二烷基磺酸根的吸附,促进溶液中 Si 的聚沉。但当温度过高时,硅胶对十二烷基磺酸根的吸附能力降低,导致渣的过滤性能变差。综合考虑,选择浸出温度 90℃为宜。

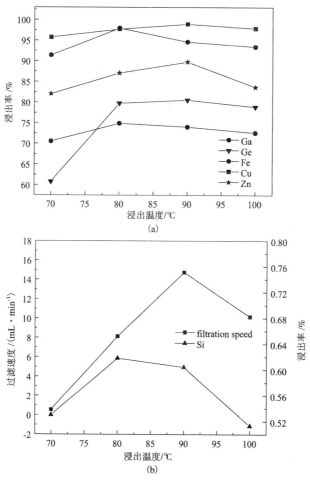

图 5-17 浸出温度对主要金属浸出率及浸出渣过滤性能的影响

5.3.3 液固比的影响

在 NaNO$_3$ 浓度为 52.29 g/L、H$_2$SO$_4$ 硫酸浓度为 156 g/L、时间为 4 h、十二烷基磺酸钠为 7.65 g/L、温度为 90℃的条件下，考察了液固比对 Ga、Ge、Fe、Cu、Zn 和 Si 浸出率及矿浆过滤性能的影响，其结果如图 5-18 所示。

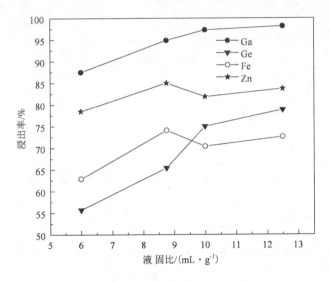

图 5-18 液固比对主要金属浸出率的影响

由图 5-18 可知，随着液固比增加，Ga、Ge 的浸出率逐渐提高，但 Zn、Fe 的浸出率均呈现先增加后减少的趋势。液固比为 10 时，Ga、Ge、Fe、Zn 的浸出率分别为 97.30%、75.01%、70.39%、81.87%。尽管增加液固比可提高 Ga、Ge 的浸出率，但浸出矿浆的过滤速度逐渐降低。当液固比由 6 提高到 12.5 时，过滤速度由 19.45 mL/min 降低到 11.56 mL/min。其主要原因是：随着液固比的增加，Si 的浸出率随之提高，但浸出液中 Si 的浓度有所降低，使得 Si 的聚沉难以发生，浸出液中的 Si 主要以 H$_2$SiO$_3$（胶体）形式存在，导致料液的过滤速度较慢；随着液固比的降低，浸出液中 Si 的浓度较高，甚至处于过饱和状态，使得 Si 的聚沉较易发生，浸出液中的 Si 可能主要以 SiO$_2$ 形式存在，从而改善了矿浆的过滤性能。不仅如此，随着液固比的增大，浸出液的量也随之加大，导致 Ga、Ge 的浓度随之降低，不利于后续 Ga、Ge 的富集。综合考虑，选择液固比为 10 较为合理。

5.3.4 浸出时间的影响

在 NaNO$_3$ 浓度为 52.29 g/L、H$_2$SO$_4$ 硫酸浓度为 156 g/L、十二烷基磺酸钠为 7.65 g/L、温度为 90℃、液固比为 10 的条件下,考察了浸出时间对 Ga、Ge、Fe、Cu 和 Zn 浸出率的影响,其结果如图 5-19 所示。

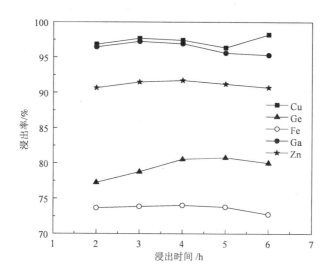

图 5-19 浸出时间对主要金属浸出率的影响

由图 5-19 可知,随着浸出时间的延长,Ga、Ge 的浸出率缓慢上升,而 Fe 的浸出率逐步降低。当浸出时间超过 4 h 后,Ga、Ge 的浸出率有缓慢下降的趋势。其主要原因是随着反应时间的增加,促使较多的 Fe^{2+} 氧化水解,且浸出液酸度也逐步降低,使得 Fe 重新沉淀进入渣相,并导致 Ga、Ge 因铁氧化物的机械夹杂及吸附,使其浸出率呈现下降的趋势。因此,浸出时间选择为 4 h 较为适宜。

5.3.5 助浸剂 NaNO$_3$ 的影响

在 H$_2$SO$_4$ 硫酸浓度为 156 g/L、十二烷基磺酸钠为 7.65 g/L、温度为 90℃、液固比为 10、浸出时间为 4 h 的条件下,考察了助浸剂 NaNO$_3$ 对 Ga、Ge、Fe、

Cu 和 Zn 浸出率及矿浆过滤性能的影响，其结果如图 5-20 所示。

由图 5-20 可知，在常压浸出条件下，硝酸钠的引入会促进 Ga、Ge、Cu、Zn 的浸出，但过量的硝酸钠会导致 Ga、Ge、Fe 的浸出率降低。在反应体系中未添加硝酸钠时，Ga、Ge 的浸出率分别为 97.49% 和 54.62%。当硝酸钠用量为 52.29 g/L 时，Ga、Ge 的最高浸出率分别可达 99.56%、76.24%，但进一步增加硝酸钠用量反而不利于 Ga、Ge 的浸出。Ga、Ge 呈现出此浸出趋势，主要是因为硝酸钠的引入使得锌粉置换镓锗渣中以金属态和硫化物等难浸物相存在的 Ga、Ge 转化为易于浸出的氧化物，从而促进 Ga、Ge 的浸出。但是过量的硝酸钠使溶液中 Fe 以 $Na_2Fe(SO_4)_2 \cdot 4H_2O$ 或 $FeOHSO_4$ 形式进入渣中，如图 5-21 所示。由于 Ga、Ge 的亲铁性，使 Ga、Ge 以类质同象进入铁氧化物晶格或吸附其中，导致 Ga、Ge 的损失。另外，大量铁的无定型沉淀，也会导致浸出渣的过滤性能变差。试验结果表明，硝酸钠的加入量为 52.29 g/L 左右较为适宜。

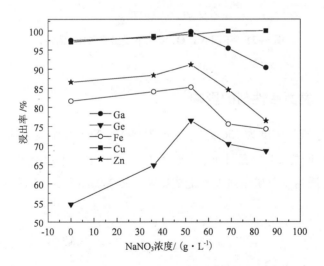

图 5-20　$NaNO_3$ 浓度对主要金属浸出率的影响

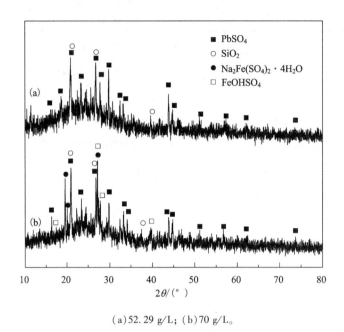

（a）52.29 g/L；（b）70 g/L。

图 5-21   不同 NaNO₃ 浓度下浸出渣 XRD 图谱

5.3.6   表面活性剂的影响

在 H_2SO_4 硫酸浓度为 156 g/L、温度为 90℃、NaNO₃ 浓度为 52.29 g/L、液固比为 10、时间为 4 h 的条件下，考察了十二烷基磺酸钠的用量对 Ga、Ge、Fe、Cu、Zn 和 Si 浸出率及矿浆过滤性能的影响，其结果如图 5-22 所示。

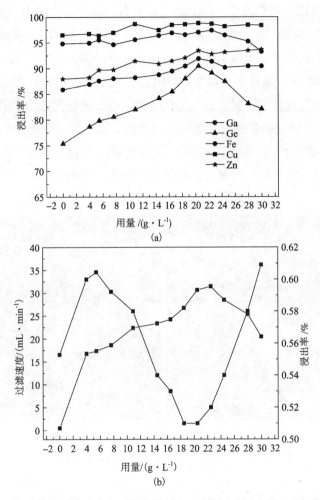

图 5-22　十二烷基磺酸钠用量对主要金属浸出率及浸出渣过滤性能的影响

由图 5-22 可知，十二烷基磺酸钠的加入对 Ge 的浸出影响最为显著，同时随其加入量的增加，浸出料浆过滤速度也逐渐提高。当十二烷基磺酸钠浓度从 0 上升至 20.5 g/L 时，Ge 的浸出率由 76.24% 升至 90.45%，浸出液过滤速度则从 0.48 mL/min 提至 30.65 mL/min。Ge 的浸出率及浸出液的过滤速度得到了较为明显的改善。这主要是因为十二烷基磺酸钠的加入改变了溶液中硅的行为，促使不稳定的硅胶凝聚，使其由高活性的胶体转变为低活性的硅凝聚体。

从图 5-23、图 5-24、表 5-11 可以看出，在未添加表面活性剂时，所得浸出渣中硅的凝聚体以小颗粒为主，粒径 20 μm 左右；Ge、Ga 在渣中的含量较高，平均值分别达 0.641%、0.128%。添加 20.5 g/L 表面活性剂后，溶液中硅的凝聚体颗粒较大，粒径可达上百微米；Ge 和 Ga 在渣中损失较少，平均值分别仅为 0.185%、0.079%。随着十二烷基磺酸钠加入，浸出渣中 SiO₂ 的颗粒粒径逐渐增大，形成较为致密的颗粒。这一变化降低了硅胶的吸附能力，尽量避免了硅胶对 Ga、Ge 浸出及矿浆过滤性能的不利影响。尽管十二烷基磺酸钠也有利于提高 Ga、Ge 的浸出率，并改善浸出渣的过滤性能，但过量的十二烷基磺酸钠会包裹硅酸分子，阻止硅胶的聚合，恶化浸出渣的过滤性能。

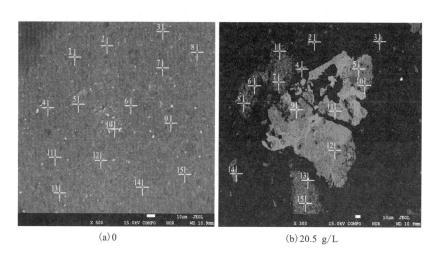

(a) 0   (b) 20.5 g/L

图 5-23　不同十二烷基磺酸钠浓度下浸出渣电子探针分析结果

表 5-11　不同十二烷基磺酸钠浓度下浸出渣电子探针定量分析结果

区域	0 g/L 十二烷基磺酸钠/%			20.5 g/L 十二烷基磺酸钠/%		
	Ge	Si	Ga	Ge	Si	Ga
1	0.536	26.435	0.121	0.134	26.450	0.071
2	0.322	24.492	0.134	0.167	28.385	0.086
3	0.784	30.522	0.165	0.129	21.045	0.054
4	1.002	33.764	0.212	0.148	23.450	0.070
5	0.456	26.751	0.088	0.310	30.145	0.145

续表5-11

区域	0 g/L 十二烷基磺酸钠/%			20.5 g/L 十二烷基磺酸钠/%		
	Ge	Si	Ga	Ge	Si	Ga
6	0.678	28.965	0.136	0.226	28.750	0.102
7	0.544	27.631	0.102	0.286	30.150	0.114
8	1.012	34.015	0.225	0.155	27.886	0.075
9	0.714	29.116	0.125	0.124	16.450	0.032
10	0.468	25.466	0.076	0.165	28.902	0.066
11	0.645	28.674	0.071	0.138	26.785	0.075
12	0.825	30.875	0.154	0.317	31.452	0.121
13	0.678	27.894	0.18	0.102	3.210	0.000
14	0.170	4.139	0.001	0.174	24.651	0.105
15	0.782	32.455	0.136	0.205	28.625	0.065
平均值	0.641	27.413	0.128	0.185	25.089	0.079

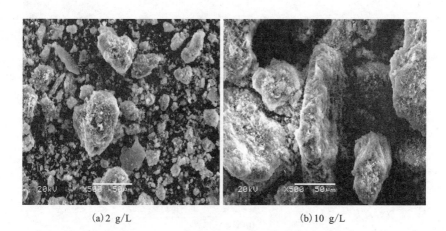

(a) 2 g/L　　　(b) 10 g/L

图 5-24　不同表面活性剂浓度下浸出渣的形貌

5.3.7　助浸机理

上述结果表明，在硫酸浸出体系下，适当添加硝酸钠或十二烷基磺酸钠均可促进 Ga、Ge 的浸出，并改善浸出渣的过滤性能。这主要是由于以下几点。

(1) 硝酸钠的氧化作用。硝酸盐的加入会使以硫化物和金属形式存在的

Ga、Ge 发生氧化,转化为相应的易溶的氧化物,加速 Ga、Ge 的浸出。

(2)十二烷基磺酸钠对硅的聚沉作用。由于 Ga、Ge 具有亲硅的特性,硅胶的凝聚必然导致 Ga、Ge 的吸附损失。为避免硅对 Ga、Ge 浸出的不利影响,除了避免其大量浸出外,还应采取措施使其聚沉为大颗粒低活性的硅胶凝聚体。在高酸度下,溶液中的硅主要以 H_2SiO_3 溶胶或凝胶形态存在,此类胶体在酸性溶液中带正电荷。在浸出体系中引入阴离子表面活性剂十二烷基磺酸钠后,十二烷基磺酸钠会吸附于胶体颗粒表面上,打破体系中硅胶平衡状态;同时通过架桥作用加速胶体颗粒凝聚(图 5-25),促使硅胶形成低活性的大颗粒凝聚体,降低硅胶对锗的吸附能力,改善浸出液的过滤速度。图 5-26 的浸出渣的红外光谱的结果进一步证实了上述推论,添加 20.5 g/L 的十二烷基磺酸钠后的浸出渣红外光谱中出现了官能团—CH_3(2960 cm^{-1},1460 cm^{-1})、—CH_2—(2850 cm^{-1})、磺酸基(1178 cm^{-1})、Si—O 键(798 cm^{-1},1095 cm^{-1})和 Si—O—Si 键(470.11 cm^{-1},589.71 cm^{-1})的振动吸收峰。这表明十二烷基磺酸钠能够被硅胶吸附,也正是这一吸附行为,加速了硅的凝聚沉淀。

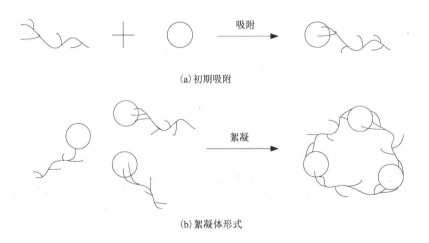

(a)初期吸附

(b)絮凝体形式

图 5-25   高分子絮凝剂对微粒的吸附桥联模式

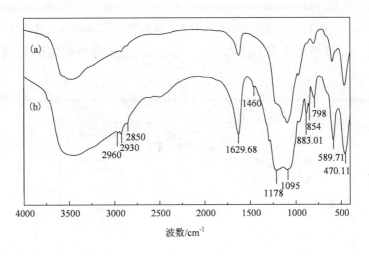

（a）0 ；（b）20.5 g/L。

图 5-26　不同十二烷基磺酸钠下浸出渣的红外图谱

5.4　草酸浸出工艺

从以上高压硫酸浸出及常压硫酸浸出结果可知，虽然在硫酸浸出体系下可实现 Ga、Ge、Fe、Cu、Zn 的高效浸出，但难以实现各金属的选择性分离；而且由于硅的浸出，会造成镓、锗的损失及矿浆过滤性能的恶化。为此，在前期研究工作的基础上，本章节开展了锌粉置换渣草酸浸出工艺。采用草酸作为浸出剂主要基于以下原因：1）草酸可与镓、锗形成较为稳定的配合物，与锌、铜、铁等形成草酸盐沉淀，实现镓、锗的选择性浸出。2）锌粉置换渣含 SiO_2 高达 9.14 wt %，硅的溶解会导致浸出料浆过滤性能变差，以及 Ga、Ge 浸出率偏低；相比于硫酸、氢氟酸等无机酸，草酸与物料中硅反应较弱，可避免硅对镓、锗浸出产生的不利的影响。另外，在本次研究中引入双氧水为氧化剂，使得难溶的以金属单质及硫化物存在的 Ga、Ge 转化为对应的易溶的氧化物，提高了锌粉置换渣中 Ga、Ge 的浸出。

5.4.1　草酸浓度的影响

在温度为 40℃、时间为 30 min、H$_2$O$_2$ 浓度为 0.12 mol/L、液固比为 8 的条件下,考察了草酸浓度对 Ga、Ge、Fe、Cu、Zn 和 Si 浸出率的影响,其结果如图 5-27 所示。

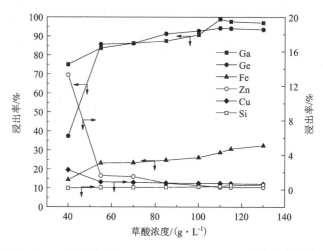

图 5-27　草酸浓度对 Ga、Ge、Fe、Cu、Zn、Si 浸出率的影响

从图 5-27 可知,在试验考察的范围内,草酸浓度的变化对 Ga、Ge 浸出有显著影响。当草酸浓度从 40 g/L 增加至 110 g/L 时,Ga、Ge 的浸出率分别由 75.04%、37.33% 提高到 98.89%、94.19%;但进一步增加草酸浓度,Ga、Ge 的浸出率变化较小。在相同的条件下,当草酸浓度从 40 g/L 提高至 130 g/L 时,Fe 的浸出率缓慢上升,由 14.38% 提高到 32.33%。其增长趋势缓慢的主要原因是:草酸可以与物料中的 Fe(Ⅲ) 形成稳定的配合物,促进其浸出;草酸与 Fe(Ⅱ) 形成沉淀析出,且 Fe(Ⅱ) 除了来自原物料外,也有部分来自草酸与 Fe(Ⅲ) 的反应产物;因此,Fe 的浸出反应与沉淀反应同步进行。与 Ga、Ge、Fe 比较,Zn、Cu 的浸出率随草酸浓度的增加而下降。当草酸浓度从 40 g/L 提高至 130 g/L 时,Cu、Zn 的浸出率分别由 2.31%、13.29 % 降低至 0.65 %、0.26 %。这主要因为草酸铜、草酸锌的溶度积较小,其 Ksp 分别为 4.43×10^{-10}、1.38×10^{-9},因此浸出的 Cu、Zn 会发生沉淀反应进入浸出渣中。从图 5-28 浸出渣的 XRD 图谱可知，Zn、Cu 分别主要以 $ZnC_2O_4 \cdot 2H_2O$、CuC_2O_4 物相存在于浸出渣中。另外，从图 5-27 可知，在所研究的草酸浓度范围内，Si 的浸出率在 0.40% 左右。这主要是因为草酸对二氧化硅的腐蚀性较小，且反应产物不稳定，因而草酸浓度的变化对硅的浸出影响较小。

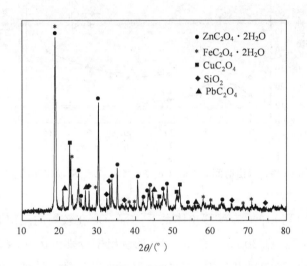

图 5-28　草酸浸出渣的 XRD 图谱（$[H_2C_2O_4] = 110 \text{ g/L}$）

5.4.2　浸出时间的影响

在温度为 40℃、$H_2C_2O_4$ 浓度为 110 g/L、H_2O_2 浓度为 0.12 mol/L、液固比为 8 的条件下，考察了浸出时间对 Ga、Ge、Fe、Cu、Zn 和 Si 浸出率的影响，其结果如图 5-29 所示。

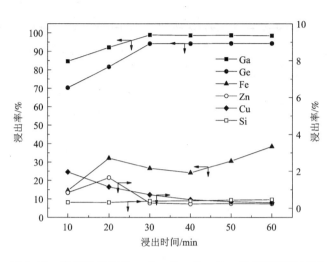

图 5-29　浸出时间对 Ga、Ge、Fe、Cu、Zn、Si 浸出率的影响

从图 5-29 可知，在草酸浸出体系下，Ga、Ge 在较短的浸出时间内即可达到较高的浸出率。在 30 min 时，Ga、Ge 的浸出率分别可达 98.89%、94.19%。在相同条件下，Fe 的浸出率在 0~20 min 时呈上升趋势。时间由 20 min 增加至 40 min 时，Fe 的浸出率由 32.15% 下降至 24.14%；进一步延长时间，Fe 的浸出率继续上升。Fe 的浸出率有如此的变化趋势，主要是因为：在 20~40 min 时，溶液中的二价铁随时间的延长会以 $FeC_2O_4 \cdot 2H_2O$ 沉淀析出；在 40 min 后，溶液中的二价铁和已沉淀的铁会被空气氧化为易溶的 $[Fe(C_2O_4)_3]^{3-}$，所以 Fe 的浸出率又会呈上升趋势。在相同的条件下，Cu、Zn 的浸出率在 20 min 后逐渐下降；在 60 min 时，其浸出率分别只有 0.30%、0.24%。在整个浸出时间范围内 Si 的浸出率均在 0.4% 左右，矿浆的过滤性能相比于硫酸浸出体系明显改善。从图 5-30 可知，在硫酸浸出体系下浸出渣为不规则的团聚体，而在草酸体系下浸出渣形貌较为规整，结晶性较好。这使得矿浆在相同条件下的过滤速度由常规硫酸体系下的 0.48 mL/min 提高到 100 mL/min。

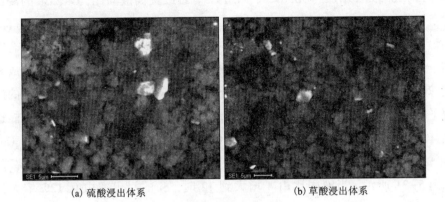

(a) 硫酸浸出体系   (b) 草酸浸出体系

图 5-30 不同浸出体系下浸出渣的形貌

5.4.3 液固比的影响

在温度为 40℃、$H_2C_2O_4$ 浓度为 110 g/L、H_2O_2 浓度为 0.12 mol/L、浸出时间为 30 min 的条件下，考察了液固比对 Ga、Ge、Fe、Cu、Zn 和 Si 浸出率的影响，其结果如图 5-31 所示。

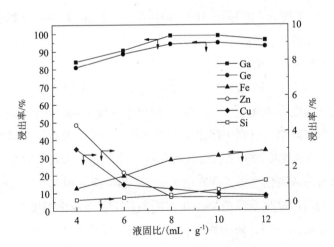

图 5-31 液固比对 Ga、Ge、Fe、Cu、Zn、Si 浸出率的影响

从图 5-31 可知，当液固比由 4 增加到 8 时，Ga、Ge 的浸出率分别由

84.21%、80.95%增加到98.89%、94.19%。继续提高液固比，Ga、Ge的浸出率呈下降趋势。Ga、Ge浸出率随液固比的增加而提高主要归于以下两方面：1)液固比提高改善了浸出动力学如传质等条件。2)镓、锗在浸出液中以配合阴离子形态存在，溶液中少量锌、铜、铁离子可与镓、锗配合阴离子反应生成相应镓酸盐和锗酸盐；因此，镓、锗的浸出受制于镓酸盐、锗酸盐在溶液中的溶解平衡；增大液固比，使得溶液中相关离子浓度降低，镓酸盐、锗酸盐不能达到其沉淀析出的饱和度，因而可以促进Ga、Ge浸出。当液固比超过8时，Ga、Ge浸出率反而略有降低的原因，则可从液固比增大对硅浸出的影响加以解释。如图5-31所示，当液固比由4增大到12时，Si的浸出率由0.12%增大到1.2%；由于高液固比下Si的聚沉难以发生，溶解的Si主要以硅胶形态存在，不仅导致浸出料浆过滤性能变差(液固比为4和12时分别为：110 mL/min和89 mL/min)，也会造成Ga、Ge的吸附损失，使得其浸出率降低。在相同的条件下，Fe的浸出率缓慢上升。在液固比为12时，Fe的浸出率达33.95%。Zn、Cu的浸出率则由于草酸锌、草酸铜沉淀的生成而随液固比的增加呈下降趋势。考虑矿浆的过滤性能及金属的浸出率，最优的液固比选择为8。

5.4.4　浸出温度的影响

在$H_2C_2O_4$浓度为110 g/L、H_2O_2浓度为0.12 mol/L、浸出时间为30 min、液固比为8的条件下，考察了浸出温度对Ga、Ge、Fe、Cu、Zn和Si浸出率的影响，其结果如图5-32所示。

从图5-32可知，在试验考察的范围内，Ga、Ge的浸出率均呈先增加后减少的趋势。在温度为40℃时，Ga、Ge的浸出率分别为98.89%、94.19%。这主要是因为适当提高温度有利于浸出剂和金属离子传质，改善浸出效果。但在该浸出体系下，随着温度的升高，双氧水分解速率加快，不利于双氧水与锌粉置换渣中以金属态或硫化物形式存在的Ga、Ge的反应。因此，当温度超过40℃时，Ga、Ge的浸出率呈下降趋势。在相同条件下，当浸出温度由20℃升高到60℃时，Fe的浸出率增长较为缓慢，由21.75%提高到29.15%；Zn、Cu和Si的浸出率均在1%以下。因此，在温度40℃时，可实现Ga、Ge的高效选择性浸出。

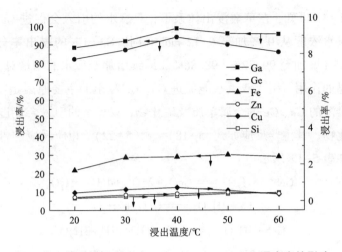

图 5-32　浸出温度对 Ga、Ge、Fe、Cu、Zn、Si 浸出率的影响

5.4.5　双氧水浓度的影响

在 $H_2C_2O_4$ 浓度为 110 g/L、温度为 40℃、浸出时间为 30 min、液固比为 8 的条件下,考察了双氧水浓度对 Ga、Ge、Fe、Cu、Zn 和 Si 浸出率的影响,其结果如图 5-33 所示。

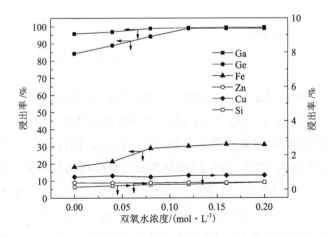

图 5-33　双氧水的浓度对 Ga、Ge、Fe、Cu、Zn、Si 浸出率的影响

由图 5-33 可知，在草酸浸出体系下，双氧水的引入会促进 Ga、Ge 的浸出。当双氧水浓度从 0 增加至 0.12 mol/L 时，Ga、Ge 的浸出率分别由 95.78%、84.25%增加至 99.32%、98.86%。继续增加双氧水的用量对 Ga、Ge 的浸出无明显的作用。引入双氧水能促进 Ga、Ge 浸出的主要原因是：锌粉置换渣中存在难溶的 Ga、Ge 的金属单质及硫化物，双氧水的引入会促进其氧化为易溶的氧化物。其主要反应如式(5-18)~式(5-22)，相应反应的吉布斯自由能的变化如表 5-12 所示。

$$GeS_2+8H_2O_2 \Longrightarrow GeO_2+2SO_4^{2-}+4H^++6H_2O \tag{5-18}$$

$$Ge+2H_2O_2 \Longrightarrow GeO_2+2H_2O \tag{5-19}$$

$$GeS+4H_2O_2 \Longrightarrow GeO+SO_4^{2-}+2H^++3H_2O \tag{5-20}$$

$$Ga_2S_3+12H_2O_2 \Longrightarrow Ga_2O_3+3SO_4^{2-}+6H^++9H_2O \tag{5-21}$$

$$2Ga+3H_2O_2 \Longrightarrow Ga_2O_3+3H_2O \tag{5-22}$$

表 5-12　镓、锗单质及硫化物与双氧水反应的吉布斯自由能的变化(313.15 K)

公式	$\Delta G^\theta/(kJ \cdot mol^{-1})$
5-18	-2228.870
5-19	-725.628
5-20	-1037.950
5-21	-3237.767
5-22	-653.126

由表 5-12 可知，Ga、Ge 对应的金属及硫化物与双氧水在 40℃反应时的吉布斯自由能的变化均为负值。由此可知，在草酸浸出体系下引入双氧水可使难溶的金属及硫化物转化为易溶的氧化物，促进 Ga、Ge 的浸出。另外，双氧水的加入可使得锌粉置换渣中的 Fe(Ⅱ)氧化为易与草酸根络合的 Fe(Ⅲ)，使得铁的浸出率由 18.15% 增加至 31.08%。在相同的条件下，Zn、Cu 和 Si 的浸出率随双氧水浓度的增加而变化较小，且浸出率均在 1%以下。所以，添加双氧水的草酸浸出体系下可实现 Ga、Ge 的高效选择性浸出。

5.5　两段浸出工艺

从 5-4 节锌粉置换渣草酸浸出结果可知, 在浸出体系中引入草酸可实现 Ga、Ge 的选择性浸出, Ga、Ge 的浸出率在 98% 左右。但该工艺存在渣量大、草酸消耗量大、成本高等缺点。因此, 本节采用两段浸出工艺处理锌粉置换渣。一段采用低浓度硫酸浸出, 实现 Cu、Fe、Zn 的选择浸出及 Ga、Ge 在一段浸出渣中的富集; 二段采用草酸浸出一段富 Ga、Ge 浸出渣, 实现 Ga、Ge 的高效浸出。

5.5.1　一段低酸浸出

一段低酸浸出主要考察了温度、硫酸浓度、液固比、搅拌速率对 Zn、Cu、Fe、Ga、Ge 等金属浸出率的影响。同时为了实现 Ge 的富集, 本节也考察了单宁酸(TA)浓度对 Ga、Ge 浸出率的影响。在浸出温度为 60°C、硫酸浓度为 60 g/L、单宁酸为 2 g/L、液固比为 10、浸出时间为 2 h 的最优条件下, Zn、Cu、Fe、Ga、Ge 的浸出率分别可达 91.75%、93.55%、70.45%、0.62%、2.65%。浸出渣的主要成分列于表 5-13, 从表 5-13 可知, 一段浸出渣中主要成分为 SiO_2, Ga、Ge 的含量分别为 0.661%、0.941%, 相比于锌粉置换渣, Ga、Ge 富集了近 3 倍。从图 5-34 可知, 一段浸出渣主要物相为 $PbSO_4$、SiO_2 和 $ZnFe_2O_4$。同时, 从图 5-35 的一段浸出渣中各元素面分布可知, Ga、Ge 主要赋存于 SiO_2 中。

表 5-13　一段浸出渣中各金属元素含量及其在一段浸出过程中的浸出率

金属元素	Zn	Cu	Fe	Pb	Ga	Ge	SiO_2
wt %	5.168	0.801	7.963	1.252	0.661	0.941	21.294
浸出率/%	91.97	95.77	70.45	0.15	0.62	2.65	0.25

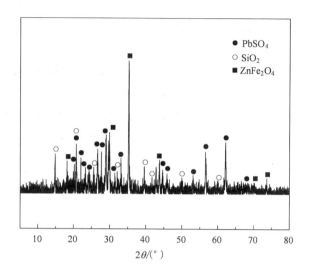

图 5-34　一段低酸浸出渣 XRD 图谱

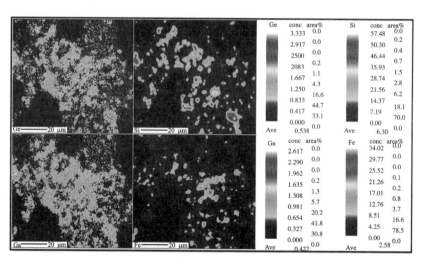

图 5-35　一段浸出渣 Ge、Si、Ga 和 Fe 等元素面分布

5.5.2　二段草酸浸出

一段低酸浸出后，所得到的富 Ga、Ge 高硅浸出渣，采用草酸溶液进行二段浸出。在浸出过程中考察了草酸浓度、浸出时间、液固比以及温度对 Fe、Zn、

Cu、Ga 和 Ge 的浸出率及矿浆过滤性能的影响。

5.5.2.1 草酸浓度的影响

在温度为 90℃、液固比为 10、浸出时间为 2 h 的条件下，考察了草酸浓度对 Fe、Zn、Cu、Ga、Ge 和 Si 浸出率的影响，其结果如图 5-36 所示。

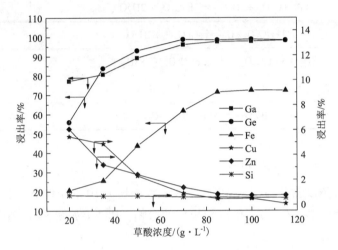

图 5-36　草酸浓度对 Ga、Ge、Fe、Cu、Zn 和 Si 浸出率的影响

由图 5-36 可知，在草酸浓度在 20 至 70 g/L 的范围时，草酸浓度的增加可显著提高 Ga、Ge 的浸出率；Ga、Ge 的浸出率可分别从 77.20%、55.93% 提高到 96.15%、98.80%。当草酸浓度超过 70 g/L 时，继续增加草酸的浓度，Ga、Ge 的变化率较小。当草酸浓度由 70 g/L 提高到 85 g/L 时，Fe 的浸出率增长较快，由 61.83% 增长到 71.50%。Fe 的大量浸出会对溶液的后续净化及 Ga、Ge 的富集产生非常不利的影响。在相同的条件下，当草酸浓度由 20 g/L 提高到 70 g/L 时，Cu、Zn 的浸出率分别从 5.46%、6.08% 减少到 0.91%、1.38%；Si 的浸出率在整个草酸浓度范围内变化较小，在 0.60% 左右。由此可见，在草酸体系下，可实现 Ga、Ge 与 Fe、Cu、Zn 和 Si 的选择性浸出。Ga、Ge、Fe、Cu、Zn 和 Si 呈现不同的浸出行为，主要是因为：1）随着草酸浓度的增加，Zn、Cu 越易形成较稳定的沉淀化合物，Ga、Ge 与草酸易形成稳定的离子配合物；2）从表 5-14 可知，SiO_2 在草酸浸出体系中性质较为稳定，配合反应较难进行。

表 5-14 草酸浸出体系下各金属的主要反应及反应热力学常数(298.15 K)

反应	lg K
$ZnO+HC_2O_4^-+H^++H_2O \Longrightarrow ZnC_2O_4 \cdot 2H_2O$	15.70
$Fe_2O_3+6HC_2O_4^- \Longrightarrow 2Fe(C_2O_4)_3^{3-}+3H_2O$	30.50
$Fe^{2+}+C_2O_4^{2-}+2H_2O \Longrightarrow FeC_2O_4 \cdot 2H_2O$	6.47
$CuO+HC_2O_4^-+H^+ \Longrightarrow CuC_2O_4+2H_2O$	8.89
$Ga_2O_3+6HC_2O_4^- \Longrightarrow 2Ga(C_2O_4)_3^{3-}+3H_2O$	9.12
$SiO_2+HC_2O_4^-+H^+ \Longrightarrow Si(OH)_2C_2O_4$	-16.64
$GeO_2+2HC_2O_4^- \Longrightarrow Ge(OH)_2(C_2O_4)_2^{2-}$	2.95

5.5.2.2 浸出时间的影响

在草酸浓度为 70 g/L、温度为 90℃、液固比为 10 的条件下,考察了浸出时间对 Ga、Ge、Fe、Cu、Zn 和 Si 浸出率的影响,其结果如图 5-37 所示。

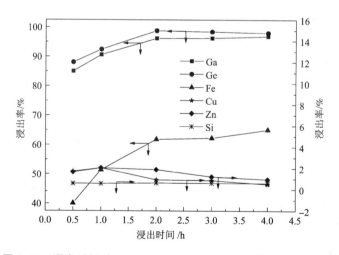

图 5-37 浸出时间对 Ga、Ge、Fe、Cu、Zn 和 Si 等浸出率的影响

由图 5-37 可知,在草酸浸出体系下,Ga、Ge 的浸出效率高于硫酸浸出体系。在浸出时间 0.5 h 时,Ga、Ge 的浸出率可分别达 88.06%、85.02;在浸出时间为 2 h 时,Ga、Ge 的浸出率最高分别可达 96.15%、98.80%。当浸出时间

由 0.5 h 提高到 4 h 时，Fe 的浸出率由 40.06% 提高到 65.08%。Zn、Cu 的浸出率在 1 h 范围内，随时间延长而提高。在浸出时间为 1 h 时，Zn、Cu 的浸出率分别为 2.04%、2.53%。继续增加浸出时间，Zn、Cu 的浸出率呈缓慢下降趋势。Zn、Cu 的浸出率呈现如此趋势主要是因为：当浸出时间超过 1 h 时，随着浸出时间的延长，溶液中的 Zn^{2+}、Cu^{2+} 以 CuC_2O_4、$ZnC_2O_4 \cdot 2H_2O$ 沉淀进入渣中。与 Ga、Ge、Fe、Cu、Zn 浸出趋势不同，在所考察的温度范围内，Si 的浸出率较低，在 0.59% 左右。这主要是因为 Si 与草酸根形成的配合物稳定性较差，且配合反应较难发生，造成锌粉置换渣中 Si 的浸出率较低。

5.5.2.3　液固比的影响

在草酸浓度为 70 g/L、温度为 90℃、浸出时间为 2 h 的条件下，考察了液固比对 Ga、Ge、Fe、Cu、Zn 和 Si 浸出率的影响，其结果如图 5-38 所示。

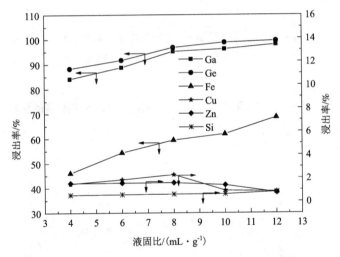

图 5-38　液固比对 Ga、Ge、Fe、Cu、Zn 和 Si 浸出率的影响

从图 5-38 可知，当液固比由 4 增加到 10 时，Ga、Ge、Fe 的浸出率呈上升趋势，而 Cu、Zn 的浸出率呈先上升后下降的趋势。在液固比为 10 时，Ga、Ge、Fe、Cu 和 Zn 浸出率分别为 96.15%、98.80%、61.83%、0.91% 和 1.38%。进一步增加液固比对 Ga、Ge 的浸出无明显的促进作用。在相同条件下，当液固比由 4 增加到 12 时，Si 的浸出率由 0.53% 增加到 0.81%；同时在高液固比下，溶液中的硅多以硅胶形式存在，使得矿浆的过滤性能恶化，矿浆的过滤速度由

89.88 mL/min 下降到 70.94 mL/min。因此,考虑矿浆的过滤性能及 Ga、Ge 的浸出率,液固比选择 10 为宜。

5.5.2.4 浸出温度的影响

在草酸浓度为 70 g/L、液固比为 10、浸出时间为 2 h 的条件下,考察了浸出温度对 Ga、Ge、Fe、Cu、Zn 和 Si 浸出率的影响,其结果如图 5-39 所示。

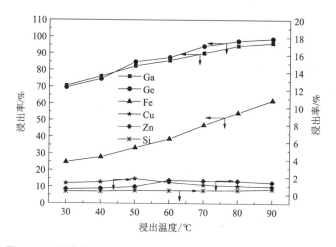

图 5-39 浸出温度对 Ga、Ge、Fe、Cu、Zn 和 Si 浸出率的影响

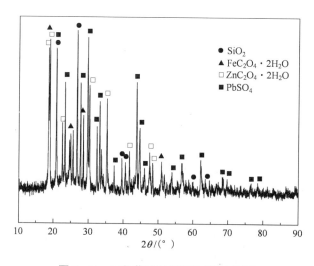

图 5-40 二段草酸浸出渣的 XRD 图谱

从图5-39可知,浸出温度对Ga、Ge、Fe的浸出率影响较为显著,对Cu、Zn、Si的浸出率影响较小。当温度由30℃增加到90℃时,Ga、Ge的浸出率分别由70.52%、69.55%增加到96.15%、98.81%。Fe的浸出率在90℃时,只达到61.83%。这主要是因为浸出体系中Fe(Ⅱ)会与草酸根反应生成较为稳定的$FeC_2O_4 \cdot 2H_2O$(图5-40),其中Fe(Ⅱ)一部分来自锌粉置换渣的一段浸出渣,另一部分来自浸出液中被草酸还原的Fe(Ⅲ)。从图5-35可知,与Ga、Ge、Fe不同,在整个温度范围内,Cu、Zn和Si的浸出率均为0.5%~2%。由此可知,在该浸出体系下,可实现Ga、Ge的选择性浸出。

5.5.2.5 最优条件

根据以上试验结果可知,最优的二段浸出条件为:$H_2C_2O_4$浓度为70 g/L、液固比为10、浸出温度为90℃、浸出时间为2 h。在最优条件下,Ga、Ge的浸出率分别为96.15%、98.80%。所得的浸出液中主要成分为:0.654 g/L Ga、0.934 g/L Ge、5.421 g/L Fe、0.052 g/L Zn、0.011 g/L Cu、0.165 g/L Si。二段草酸浸出渣中的主要物相为$ZnC_2O_4 \cdot 2H_2O$、$FeC_2O_4 \cdot 2H_2O$、SiO_2和$PbSO_4$。

采用两段浸出工艺处理锌粉置换镓锗渣可实现:1)Ga、Ge和Zn、Cu、Si的选择性分离;2)降低草酸的消耗;3)Ga、Ge的高效浸出。

5.6 本章小结

(1)采用高压酸浸工艺处理锌粉置换渣,随着硫酸浓度的增加,Ge的浸出率呈现出先增加后减小的趋势,Ga的浸出率呈持续上升趋势;随着液固比的增加,Ga和Ge浸出率逐渐增加,但矿浆的过滤性能随之变差;升高温度或延长浸出时间均可有效改善浸出渣的过滤性能,对Ga、Ge的浸出率影响较小。在浸出体系中引入$Ca(NO_3)_2$,可提高Ga、Ge的浸出率,改善浸出渣的过滤性能;当$Ca(NO_3)_2$的浓度为20 g/L时,Ga、Ge的浸出率分别可达98%、94%。

(2)锌粉置换渣常压硫酸浸过程中,引入助浸剂$NaNO_3$,可以使难溶性的金属相和硫化物转化为易溶性的氧化物,促进Ga、Ge的浸出。当助浸剂$NaNO_3$用量为52.29 g/L时效果最好,Ga、Ge的浸出率分别达99.56%、76.42%。引入表面活性剂十二烷基磺酸钠,不仅能提高Ga、Ge的浸出率,而且可改善浸出渣的过滤性能。当十二烷基磺酸钠加入量为20.5 g/L时效果最好，Ga、Ge 的浸出率分别达到97.01%和90.45%，矿浆的过滤速度由未加助浸剂时的 0.48 mL/min 提高到30.65 mL/min。酸度对表面活性剂十二烷基磺酸钠的作用效果影响显著，酸度越高，十二烷基磺酸钠对浸出液中硅的聚沉作用越强，浸出渣的过滤性能也愈好；但酸度高于 156 g/L 时，Ge 的浸出率降低。因此，选择浸出硫酸浓度为 156 g/L 较为适宜。

（3）在草酸添加双氧水的浸出体系中，随着草酸浓度的增加，Ga、Ge 的浸出率逐步提高，Zn、Cu 的浸出率逐渐减小，Si 基本不溶出。Ga、Ge 的浸出速率较高，在 30 min 可达到最大值。随着液固比的增加，Ga、Ge 浸出率逐渐增加，但矿浆的过滤性能会变差。温度对 Ga、Ge 浸出率的影响较小，在温度40℃时，Ga、Ge 的浸出率达到最大值。双氧水的引入可提高 Ga、Ge 的浸出，但对 Zn、Cu、Si 等金属的影响较小。最佳工艺条件为：草酸浓度为110 g/L、双氧水浓度为 0.12 mol/L、液固质量比为 8、搅拌速度为 300 r/min、温度为40℃、时间为 30 min；在该条件下，Ga、Ge 的浸出率分别为99.32%、98.86%，且矿浆的过滤速度可达 100 mL/min，Cu、Zn 和 Si 的浸出率仅分别为 0.82%、0.84% 和 0.43%。

（4）锌粉置换渣硫酸-草酸两段浸出工艺，可实现 Ga、Ge、Fe、Cu、Zn 和 Si 的选择性浸出。一段低浓度硫酸浸出，在最优条件下，Zn、Cu、Fe、Ga 和 Ge 的浸出率分别可达 91.75%、93.55%、70.45%、0.62% 和 2.65%；一段浸出渣中主要物相为 SiO_2，且 Ga、Ge 主要分布其中；Ga、Ge 在一段浸出渣中得到富集，其含量分别为 0.661%、0.941%。浸出渣二段草酸浸出工艺，可实现 Ga、Ge 的选择性浸出。在 $H_2C_2O_4$ 浓度为 70g/L、液固比为 10、浸出温度为 90℃、浸出时间为 2 h 的条件下，Ga、Ge 的浸出率分别为 96.15%、98.80%，Zn、Cu、Si 的浸出率均在 2% 以下。

（5）采用高压硫酸浸出工艺、常压助浸工艺处理锌粉置换渣，相比于传统的硫酸浸出工艺处理锌粉置换渣，Ga、Ge 的浸出率及矿浆的过滤性能显著提高。但高压浸出工艺存在设备复杂，投资及运行成本较高，难以工业化等弊端。常压硫酸助浸工艺，通过添加硝酸钠及十二烷基磺酸钠可使得 Ga、Ge 的浸出率分别达 97.01%、90.45%，且矿浆的过滤性能得到明显改善，但仍有近10% 的锗损失在渣中。另外，以上两种浸出工艺均不能实现 Zn、Fe、Cu、Si 与 Ga、Ge 选择性分离。草酸添加双氧水的助浸体系虽然可实现 Ga、Ge 与 Zn、Fe、Cu、Si 的选择性分离，但产生的渣量较大，且草酸消耗量较高。两段浸出不仅能实现 Zn、Fe、Cu 的选择性分离，而且可实现 Ga、Ge 的高效浸出。该工艺相比于直接的草酸浸出，草酸用量减少近一半，而且矿浆的过滤性能显著改善。

第6章

草酸体系下镓、锗萃取研究

在前期锌粉置换渣高效浸出的研究工作中，经比较各工艺的优缺点，确定采用两段浸出工艺处理锌粉置换渣。该工艺一段采用低浓度硫酸浸出，实现了Zn、Cu的选择性浸出及Ga、Ge的有效富集；二段采用草酸浸出工艺处理富Ga、Ge的高硅渣，实现了Ga、Ge的高效浸出及矿浆过滤性能的显著改善。更为重要的是，同传统的从硫酸体系中回收Ga、Ge相比，在草酸体系中回收Ga、Ge更加简单。主要是因为在草酸浸出体系下，Ga、Ge分别主要以 $[Ga(C_2O_4)_3]^{3-}$、$[Ge(C_2O_4)_3]^{2-}$ 存在，所以可直接采用N235从草酸浸出液中富集回收Ga、Ge。另外，N235因其成本低、来源广、萃取效率高被广泛用于金属配合物的萃取。为此，本文提出了一种全新的回收锌粉置换渣中Ga、Ge的工艺。为了验证工艺的可行性，在前期研究工作的基础上，本章对草酸浸出液的净化及N235萃取Ga、Ge的工艺展开研究。其中所用的原料为锌粉置换渣二段草酸浸出液，其主要成分如表6-1所示。

表6-1　锌粉置换渣二段草酸浸出液中的主要成分

主要成分	Fe	Zn	Cu	Ga	Ge	Si	pH
浓度/(g·L⁻¹)	5.421	0.052	0.011	0.654	0.934	0.165	0.50

本章主要考察 Fe(Ⅲ)浓度、萃取温度、萃取时间、相比、N235 浓度、TBP 浓度对草酸浸出液中 Ga、Ge 萃取的影响；同时确定了 Ga、Ge 络合物与 N235、TBP 萃取反应的方程式，通过绘制萃取等温线确定了萃取操作级数。另外，本章也考察了反萃温度、时间、反萃剂种类及浓度对负载有机相上 Ga、Ge 的反萃的影响；通过绘制反萃等温操作线，确定了反萃操作级数。

6.1　Ga、Ge 共萃

6.1.1　Fe(Ⅲ)的影响

将有机相(20% N235+10% TBP+70% 煤油)与草酸浸出液按相比(O：A)1：7~2：1 在 125 mL 的分液漏斗中混合后，在温度为 25℃的水浴恒温振荡器中反应 15 min，各金属的萃取效果如图 6-1 所示。从图 6-1 可知，Ga、Fe 的萃取率受相比的影响较大，当相比(O：A)由 1：7 提高到 2：1 时，Ga、Fe 的萃取率分别由 17.78%、39.95% 提高到 99.90%、99.84%。在研究的相比范围内，Ge、Zn、Cu 萃取率变化不大，但 Ge 的萃取率较高，在 97% 左右；Zn、Cu 的萃取率较低，在 5% 以下。从以上结果可知，N235 从草酸溶液中萃取金属离子的顺序为：

$$Ge(Ⅳ) \gg Fe(Ⅲ) > Ga(Ⅲ) \gg Zn(Ⅱ) \sim Cu(Ⅱ)$$

由此可推断，Fe(Ⅲ)的出现对草酸溶液中 Ga、Ge 的共萃产生了较为不利的影响。为验证此推论，配制了含 40 g/L $H_2C_2O_4$、800 mg/L Ga 和 1000 mg/L Ge，并含有不同 Fe(Ⅲ)浓度的模拟液；在温度为 25℃、相比(O：A)为 1：3 的条件下，将 30 mL 模拟液与 10 mL 萃取剂混合，振荡反应 15 min 后，取样分析。Fe(Ⅲ)浓度对 Ga、Ge 的萃取结果的影响如表 6-2 所示。

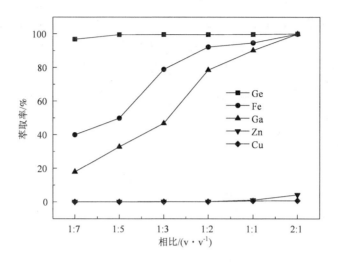

图 6-1 相比对 Ga、Ge 萃取率的影响

表 6-2 初始 Fe(Ⅲ) 浓度对草酸溶液中 Ga、Ge 萃取的影响

Fe(Ⅲ)/(g·L⁻¹)	萃取率/%	
	Ge	Ga
0	99.96	84.78
0.5	99.88	81.32
1	99.86	79.41
2	99.75	66.78
4	99.68	52.24
6	99.52	44.32
8	99.35	23.16

从表 6-2 可知,当 Fe(Ⅲ)浓度在 0 至 0.5 g/L 范围时,随着 Fe(Ⅲ)浓度增加,Ga、Ge 萃取率变化较小,即 Fe(Ⅲ)对 Ga、Ge 萃取影响较小。当 Fe(Ⅲ)浓度由 0.5 g/L 提高到 8 g/L 时,Ga 萃取率由 81.74%降低到 23.16%;Ge 萃取率变化较小。在萃取-反萃过程中也可以发现,Fe(Ⅲ)虽较易被 N235 萃取,但其反萃较难,因此会对萃取剂的回收产生不利影响。从以上分析可知,为实现 Ga、Ge 共萃及萃取剂的循环使用,Fe(Ⅲ)浓度应控制在 0.5 g/L 以下。

6.1.2 超声净化除铁

基于 Fe(Ⅲ) 的存在对 Ga、Ge 萃取回收的不利影响，本研究采用超声辅助铁粉还原的方法除去溶液中的 Fe(Ⅲ)。该工艺与传统的除铁工艺(水解沉淀、萃取工艺)相比，可有效减少 Ga、Ge 在除铁过程中的损失，且除铁效率高、操作简单。本次研究主要考察 Fe/Fe(Ⅲ) 摩尔比、超声时间、水浴反应器中反应时间、反应温度，以及超声功率对除铁的影响，结果如表 6-3 所示。由表 6-3 可知，超声辅助在除铁工艺中十分必要，在超声功率为 150 W、超声时间为 10 min 的条件下，除铁率达 96.25%；与未使用超声辅助除铁的工艺相比，除铁率提高了近 50%。从表 6-3 可知，铁粉的添加量对铁离子的去除率及 Ga、Ge 的损失率有显著影响。当 Fe/Fe(Ⅲ) 摩尔比由 1 增加到 5 时，铁的去除率由 54.65% 提高到 96.25%。继续增加铁粉的加入量，对铁的去除无显著效果。当 Fe/Fe(Ⅲ) 摩尔比由 5 增加到 7 时，铁的去除率由 96.25% 提高到 98.91%，Ga、Ge 的损失率分别由 1.28%、1.37% 提高到 2.86%、2.94%。考虑 Ga、Ge 的损失率，Fe/Fe (Ⅲ) 摩尔比选择为 5 为宜。延长反应时间、提高反应温度有助于铁离子的去除和 $FeC_2O_4 \cdot 2H_2O$ 的结晶。当反应时间为 1 h、反应温度为 50℃ 时，铁离子去除率达 96.25%，进一步增加反应温度、反应时间对铁离子去除无明显的促进作用。在 Fe/Fe(Ⅲ) 摩尔比为 5、超声功率为 150 W、超声时间为 10 min、水热反应温度为 50℃、时间为 1 h、搅拌速率为 300 rpm 的最优条件下，铁离子去除率达 96.25%，Ga、Ge 的损失率分别为 1.28%、1.37%。净化渣中的主要物相为 $FeC_2O_4 \cdot 2H_2O$ (图 6-2)，净化后液的主要成分为：0.645 g/L Ga、0.922 g/L Ge、0.203 g/L Fe、0.05 g/L Zn、0.064 g/L Si。

表 6-3 超声时间、Fe/Fe(Ⅲ) 摩尔比、反应温度、反应时间对铁去除率的影响

因素		Fe/%	Ge/%	Ga/%
超声时间/min [Fe/Fe(Ⅲ): 5；50℃；1 h]	0	46.85	0.34	0.29
	5	85.66	0.78	0.69
	10	96.25	1.28	1.37
	15	97.14	1.31	1.42

续表6-3

因素		Fe/%	Ge/%	Ga/%
Fe/Fe(Ⅲ)摩尔比 超声时间：10 min；50℃；1 h	1	54.65	0.62	0.74
	3	82.15	0.87	0.91
	5	96.25	1.28	1.37
	7	98.91	2.86	2.94
反应温度/℃ [超声时间：10 min； Fe/Fe(Ⅲ)：5；1 h]	30	86.71	0.45	0.23
	40	91.45	0.81	0.78
	50	96.25	1.28	1.37
	70	97.17	1.68	1.85
反应时间/h [超声时间：10 min； Fe/Fe(Ⅲ)：5；50℃]	0.5	85.38	0.81	0.75
	1	96.25	1.28	1.37
	1.5	97.73	1.42	1.76
	2	98.18	1.74	2.01

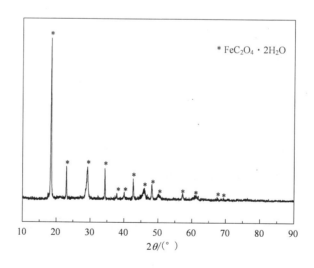

图6-2　铁粉置换净化渣 XRD 图谱

6.1.3　N235 浓度的影响

在初始草酸浓度为 40 g/L、TBP 浓度为 10%(v/v)、相比(O∶A)为 1∶3、温度为 25℃ 的条件下,考察了 N235 浓度对除铁后液中 Ga、Ge 萃取率的影响,其结果如图 6-3 所示。

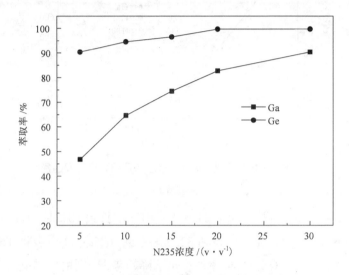

图 6-3　N235 浓度对 Ga、Ge 萃取率的影响

由图 6-3 可知,当有机萃取相中 N235 的浓度由 5%(v/v)提高到 30%(v/v)时,Ga、Ge 的萃取率分别由 46.75%、90.37%提高到 90.15%、99.75%。从 N235 萃取 Ga、Ge 的结果可知,N235 对 Ge 具有优先萃取的特性,随着 N235 浓度的增加,Ga 的萃取率显著增加。虽然 N235 浓度的增加有助于实现 Ga、Ge 的共萃,但相应的相分离时间也随之增加。当 N235 浓度由 20%(v/v)提高到 30%(v/v)时,相分离时间由 180 s 增加到 335 s。这主要是因为随着有机相中 N235 浓度增加,萃取体系的黏度增加,使得相分离时间增加,导致部分 N235 黏结在分液漏斗壁,造成 N235 损失。因此,有机相中 N235 的浓度选择为 20%(v/v)较为适宜。

6.1.4　TBP 浓度的影响

在初始草酸浓度为 40 g/L、N235 浓度为 20%(v/v)、相比(O∶A)为

1 : 3、温度为25℃、萃取时间为 10 min 的条件下,考察了 TBP 浓度对除铁后液中 Ga、Ge 萃取率的影响,其结果如图 6-4 所示。

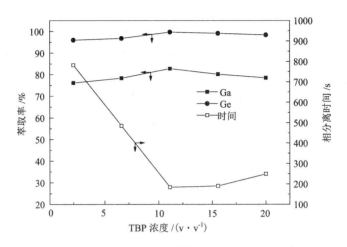

图 6-4   TBP 浓度对 Ga、Ge 萃取率及相分离时间的影响

由图 6-4 可知,当萃取相中 TBP 浓度由 0 增长到 10% 时,Ga、Ge 的萃取率分别由 76. 15%、95. 98% 提高到 82. 74%、99. 67%;进一步将 TBP 浓度由 10% 提至 20% (v/v),Ga、Ge 的萃取率呈下降趋势,分别由 82. 74%、99. 67% 下降到 78. 45%、98. 35%。Ga、Ge 的萃取率随 TBP 变化有如此趋势,主要是因为:随着 TBP 浓度的增加,有助于水相、有机相的分离,从而减少第三相生成。从图 6-4 可知,随着 TBP 浓度由 0 增加到 10% (v/v) 时,相分离时间由 782 s 减小到 184 s。然而,进一步增加有机相中 TBP 浓度,会导致相分离恶化。这主要是因为 TBP 浓度的增加有助于 N235 中 N—N 键的破坏,促进了 N235 在煤油中的溶解。然而随 TBP 浓度的增加,TBP 中的 O—P 键会与 N235 中 N—N 键发生键合反应,使得有机相中 N235 萃取剂的有效浓度降低,Ga、Ge 的萃取率降低。从以上的结果可知,有机相中最优的 TBP 浓度为 10% (v/v)。

6.1.5 温度、时间的影响

在初始草酸浓度为 40 g/L、N235 浓度为 20% (v/v)、TBP 浓度为 10% (v/v)、相比(O : A)为 1 : 3 的条件下,考察了萃取温度及时间对除铁后液中 Ga、Ge 萃取率的影响,其结果如图 6-5 所示。

从图 6-5 可知，N235 对 Ge 具有较好的萃取性能，在温度为 25℃、时间为 10 min 时，Ge 的萃取率达 99.85%，且温度对 Ge 的萃取影响较小。Ga 与 Ge 不同，Ga 的萃取率受温度的影响较大，当温度由 15℃升高到 25℃时，在 10 min 内，Ga 的萃取率由 84.45% 提高到 90.13%；进一步提高温度至 35℃，Ga 的萃取率变化较小。从以上结果可知，当温度为 25℃时，Ga、Ge 在 10 min 即可到达萃取平衡。

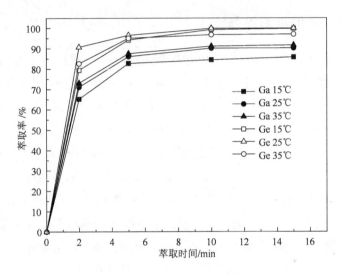

图 6-5　萃取温度及时间对 Ga、Ge 萃取率的影响

6.1.6　草酸浓度的影响

在 N235 浓度为 20%（v/v）、TBP 浓度为 10%（v/v）、相比（O∶A）为 1∶3、温度为 25℃、时间为 1 h 的条件下，考察了初始草酸浓度对除铁后液中 Ga、Ge 萃取率的影响，其结果如表 6-4 所示。

从表 6-4 可知，初始草酸浓度的增加对溶液 pH 的影响较小，对应的初始草酸浓度对 Ga、Ge 的萃取率影响较小。在考察的初始草酸浓度范围内，Ga、Ge 的萃取率分别在 90%、99% 左右。因此，除铁后的草酸浸出液无须进一步调节草酸浓度，可直接用于 Ga、Ge 的萃取。

表 6-4　初始草酸浓度对 Ga、Ge 萃取的影响

草酸浓度/(g·L⁻¹)	20	40	60	80	100
pH	0.76	0.63	0.59	0.51	0.47
Ga/%	91.05	90.13	90.05	89.78	88.45
Ge/%	99.88	99.85	99.64	99.56	98.90

6.1.7　萃取平衡等温线

在 N235 浓度为 20%(v/v)、TBP 浓度为 10%(v/v)、温度为 25℃、时间为 1 h 的条件下，考察了相比对除铁后液中 Ga、Ge 萃取率的影响，其结果如图 6-6 所示。

从图 6-6 可知，当相比(O：A)由 1：16 提高到 1：3 时，Ga、Ge 的萃取率显著提高，分别由 30.50%、72.56% 提高到 82.74%、99.67%。继续提高相比(O：A)至 2：1 时，Ge 的萃取率变化较小，Ga 的萃取率继续提高，由 82.74% 提高到 96.40%。因此，为达到 Ga、Ge 的共萃及富集，须采用逆流萃取的操作方法。由于在萃取过程中 Ge 的萃取受各因素的影响较小，实现 Ga、Ge 的共萃只需通过 Ga 的萃取等温线确定所需要的萃取级数。萃取等温线是萃取的一重要参数，其能较好反应出金属在平衡两相的分配关系，可用于模拟逆流萃取的相关规律。萃取等温线的绘制主要通过改变相比法确定。

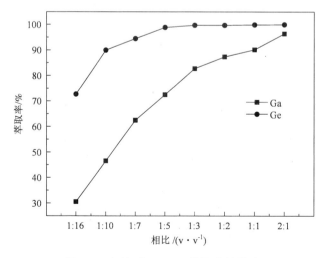

图 6-6　相比对 Ga、Ge 萃取率的影响

萃取条件：萃取温度 25℃，萃取时间 10 min，Ga、Ge 初始浓度分别为 0.645 g/L、0.922 g/L；有机相组成为：20% N235+10% TBP+70% 煤油。在以上萃取条件下，Ga 在有机相、水相中的分布结果如表 6-5 所示。

表 6-5 萃取平衡时 Ga 在有机相、水相中的分布

水相/(g·L⁻¹)	有机相/(g·L⁻¹)
0.023	0.315
0.0654	0.589
0.0838	1.142
0.112	1.623
0.180	2.362
0.245	2.858
0.349	3.041
0.454	3.202

依照逆流萃取原理，绘制 McCabe-Thiele 图。原料液 Ga 浓度为 0.654 g/L，按照相比(O∶A)1∶3 绘制 Ga 的萃取操作线。从图 6-7 可以看出，经过三级逆流萃取，水相中的 Ga 的浓度可降低至 0.01 g/L 以下。为验证此推论，采用新鲜料液，进行 Ga 的三级逆流萃取试验。经三级逆流萃取，Ga、Ge 的萃取率分别为 99.02%、99.75%，得到的负载有机相中 Ga、Ge 的浓度分别为 1.916 g/L、2.770 g/L。

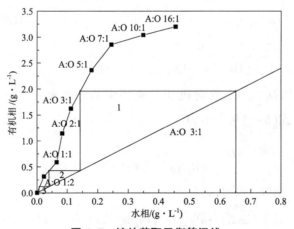

图 6-7 镓的萃取平衡等温线

6.2 萃取化学计量学

在最新提出的锌粉置换渣处理工艺中，草酸首次作为浸出剂来回收 Ga、Ge。由于浸出体系中含有足够多的草酸，使得 Ga、Ge 几乎全部分别以 $[Ga(C_2O_4)_3]^{3-}$ 和 $[Ge(C_2O_4)_3]^{2-}$ 存在。N235 属于叔胺类萃取剂，显碱性，使用前必须采用有机酸或无机酸进行酸化，使其形成胺盐。通过胺盐中的阴离子与溶液中的络合阴离子进行离子交换，达到从溶液中富集有价金属的目的。本试验采用 1 mol/L H_2SO_4 在相比(O∶A)2∶1、温度25℃的条件下将 N235 萃取剂酸化 10 min。有机萃取剂(N235+TBP+煤油)与溶液中 Ga、Ge 草酸配合离子的反应如式(6-1)、式(6-2)所示。

2)Ga、Ge 萃取

$$\frac{Ga(C_2O_4)_3^{3-}+3H_2SO_4+a(\overline{R_3N})+b(\overline{TBP})+cH_2C_2O_4=}{\overline{Ga(C_2O_4)_3\cdot(R_3NH)_3\cdot(R_3N)_{a-3}\cdot(TBP)_b\cdot(H_2C_2O_4)_c}+3HSO_4^-} \quad (6-1)$$

$$\frac{Ge(C_2O_4)_3^{2-}+2H_2SO_4+d(\overline{R_3N})+e(\overline{TBP})+fH_2C_2O_4=}{\overline{Ge(C_2O_4)_3\cdot(R_3NH)_2\cdot(R_3N)_{d-2}\cdot(TBP)_e\cdot(H_2C_2O_4)_f}+2HSO_4^-} \quad (6-2)$$

式(6-1)中反应的平衡常数为 K_{ex1}，可表示为：

$$K_{ex1}=\frac{\overline{Ga(C_2O_4)_3\cdot(R_3NH)_3\cdot(R_3N)_{a-3}\cdot(TBP)_b+(H_2C_2O_4)_c}\cdot(HSO_4^-)^3}{[Ga(C_2O_4)_3]\cdot(\overline{R_3N})^a\cdot(\overline{TBP})^b\cdot(H_2C_2O_4)^c\cdot(H_2SO_4)^3}$$
$$=D_1\cdot\frac{(HSO_4^-)^3}{(\overline{R_3N})^a\cdot(\overline{TBP})^b\cdot(H_2C_2O_4)^c\cdot(H_2SO_4)^3} \quad (6-3)$$

式(6-3)中 D_1 是 Ga 在有机相及液相中的分配系数。由于 $(H_2SO_4)^3=(HSO_4^-)$，所以式(6-3)可表示为：

$$K_{ex1}=D_1\cdot\frac{1}{(\overline{R_3N})^a\cdot(\overline{TBP})^b\cdot(H_2C_2O_4)^c} \quad (6-4)$$

对式(6-4)求导，可得式(6-5)：

$$\lg(D_1)=\lg K_{ex1}+a\lg(\overline{R_3N})+b\lg(\overline{TBP})+c\lg(H_2C_2O_4) \quad (6-5)$$

采用相同的方法可得 N235 萃取 Ge 的对数表达式。式(6-6)中，D_2 为 Ge

在有机相及水相中的分配系数。

$$\lg(D_2) = \lg K_{ex2} + d\lg(\overline{R_3N}) + e\lg(\overline{TBP}) + f\lg(H_2C_2O_4) \quad (6-6)$$

式(6-5)、式(6-6)中，K_{ex} 在一定温度下为常数。

为确定式(6-5)中'a'的值，配制了含 0.8 g/L Ga、0.67 mol/L $H_2C_2O_4$ 的模拟溶液，在温度为 25℃、相比(A∶O)为 1∶3、TBP 浓度为 0.43 mol/L、时间为 10 min 的条件下，开展了有机相中 N235 浓度对 Ga 萃取影响试验。在相同的条件下，为确定式(6-6)中'd'的值，采用含 1 g/L Ge、0.67 mol/L $H_2C_2O_4$ 的模拟溶液，开展了有机相中 N235 浓度对 Ge 萃取影响的试验。从图 6-8 中的 N235 浓度对 Ga、Ge 分配系数的影响可知，Ga、Ge 对应的 $\lg(D)$-$\lg$(N235)变化曲线的斜率分别为 2.97 和 1.84，对应式(6-5)中的'a'及式(6-6)中的'd'分别为 3 和 2。由此推断出，萃取 1 mol Ga、Ge 的草酸盐配合物，分别需要 3 mol、2 mol 的预酸化的 N235。

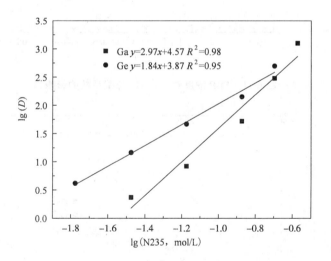

图 6-8 N235 浓度对 Ga、Ge 分配系数的影响

为确定式(6-5)中'b'的值，配制了含 0.8 g/L Ga、0.67 mol/L $H_2C_2O_4$ 的模拟溶液，在温度为 25℃、相比(A∶O)为 1∶3、N235 浓度为 0.2 mol/L、时间为 10 min 的条件下，开展了有机相中 TBP 浓度对 Ga 萃取影响的试验。在相同的条件下，为确定式(6-6)中'e'的值，采用含 1 g/L Ge、0.67 mol/L $H_2C_2O_4$ 的模拟溶液，开展了有机相中 TBP 浓度对 Ge 萃取影响的试验。从图 6-9 中的

TBP 浓度对 Ga、Ge 分配系数的影响可知，Ga、Ge 对应的 $\lg(D)$-$\lg(TBP)$ 变化曲线的斜率分别为 0.46 和 0.25，对应式(6-5)中的 'b' 及式(6-6)中的 'e' 分别为 0.46 和 0.25。由此推断出，萃取 1 mol Ga、Ge 的草酸盐配合物，分别需要 0.5 mol、0.25 mol 的 TBP。

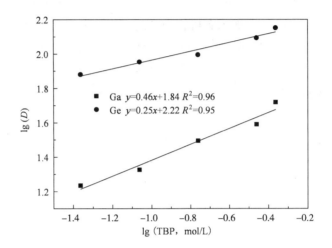

图 6-9　TBP 浓度对 Ga、Ge 分配系数的影响

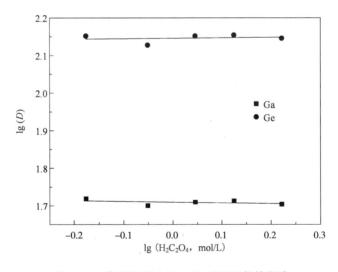

图 6-10　草酸浓度对 Ga、Ge 分配系数的影响

为确定式(6-5)中'c'的值,配制了含 0.8 g/L Ga、0.67 mol/L $H_2C_2O_4$ 的模拟溶液,在温度为 25℃、相比(A∶O)为 1∶3、N235 浓度为 0.2 mol/L、TBP浓度为 0.43 mol/L、时间为 10 min 的条件下,开展了草酸浓度对 Ga 萃取影响的试验。在相同的条件下,为确定式(6-6)中'f'的值,采用初始含 1 g/L Ge、0.67 mol/L $H_2C_2O_4$ 的模拟溶液,开展了草酸浓度对 Ge 萃取影响的试验。从图6-10 中的草酸浓度对 Ga、Ge 分配系数的影响可知,Ga、Ge 对应的 $\lg(D)-\lg[H_2C_2O_4]$ 变化曲线的斜率均为 0,对应式(6-5)中的'c'及式(6-6)中的'f'均为 0。由此推断出,草酸浓度对 Ga、Ge 萃取率的影响较小。

从以上的分析结果可知,在草酸浸出体系下,Ga、Ge 发生的萃取反应如(6-7)、(6-8)所示。

$$Ga(C_2O_4)_3^{3-}+3H_2SO_4+3(\overline{R_3N})+0.5(\overline{TBP})=\overline{Ga(C_2O_4)_3\cdot(R_3NH)_3\cdot(TBP)_{0.5}}+3HSO_4^-$$
$$(6-7)$$

$$Ge(C_2O_4)_3^{2-}+2H_2SO_4+2(\overline{R_3N})+0.25(\overline{TBP})=\overline{Ge(C_2O_4)_3\cdot(R_3NH)_2\cdot(TBP)_{0.25}}+2HSO_4^-$$
$$(6-8)$$

6.3　Ga、Ge 选择性反萃

采用 N235 为萃取剂、TBP 为改质剂,Ga、Ge 在最优条件下经三级逆流萃取,Ga、Ge 的萃取率分别为 99.02%、99.75%,负载有机相中 Ga、Ge 的浓度分别为 1.916 g/L、2.770 g/L。基于硫酸可选择性反萃有机相中的 Ga,而对 Ge反萃能力较差的特点,一段反萃采用 H_2SO_4 作为反萃剂,二段反萃采用 NaOH作为反萃剂。采用这样的反萃操作方式可实现 Ga 和 Ge 的分离。

6.3.1　反萃剂浓度的影响

在温度为 30℃、相比(O∶A)为 1∶1、时间为 15 min 的条件下,考察了H_2SO_4 硫酸浓度对 Ga、Ge 反萃率的影响,其结果如图 6-11 所示。

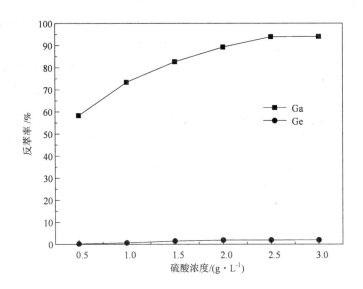

图 6-11　H₂SO₄ 硫酸浓度对 Ga 反萃率的影响

由图 6-11 可知, 当硫酸浓度由 0.5 mol/L 提高到 2.5 mol/L 时, Ga 的反萃率由 58.28% 提高到 93.93%; 进一步增加硫酸浓度到 3 mol/L 时, Ga 的反萃率变化较小, 由 93.93% 提高到 94.37%。考虑 Ga 的后续回收, 选择硫酸浓度为 2.5 mol/L 较为适宜。在此条件下, Ge 的反萃率小于 2%。以上结果表明: 在整个研究范围内, 采用硫酸作为一段反萃剂, 可有效实现 Ga、Ge 的选择性分离。反萃 Ga 后的有机相, 在温度为 40℃、相比(O∶A)为 1∶1、时间为 15 min 的条件下, 考察了 NaOH 浓度对 Ge 反萃率的影响, 结果如表 6-6 所示。从表 6-6 可知, 当 NaOH 浓度由 2 mol/L 增加到 5 mol/L 时, Ge 的反萃率由 78.60% 提高到 99.01%; 当 NaOH 浓度超过 4 mol/L 时, Ge 的反萃率变化较小。因此, 选择 4 mol/L NaOH 作为 Ge 的反萃剂较为适宜。

表 6-6　NaOH 浓度对 Ge 反萃率的影响

NaOH 浓度 /(mol·L⁻¹)	2	2.5	3	3.5	4	5
反萃率/%	78.60	85.40	89.50	95.42	98.53	99.01

6.3.2　温度、时间的影响

在一段反萃剂为 2.5 mol/L H_2SO_4、二段反萃剂为 4 mol /L NaOH、相比（O∶A）为 1∶1 的条件下，分别考察了反萃温度、时间对 Ga、Ge 反萃率的影响，其结果如图 6-12 所示。

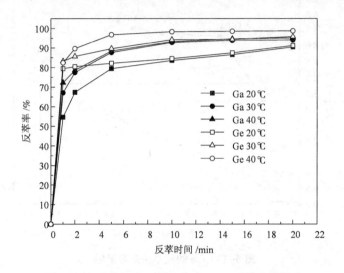

图 6-12　反萃温度、时间对 Ga、Ge 反萃率的影响

由图 6-12 可知，在温度低于 30℃ 时，温度对 Ga 的反萃率影响较为显著；当温度由 20℃ 升高到 30℃，Ga 的反萃率由 86.54% 提高到 93.93%；继续升高温度，Ga 的反萃率变化较小。与此不同的是，温度对 Ge 的影响较为显著。在温度分别为 20℃、30℃ 和 40℃ 时，载 Ge 有机相经 NaOH 反萃 15 min，其反萃率分别可达 87.45%、94.38%、98.53%。以上结果说明，温度越高越利于 Ge 的反萃。因此，Ga、Ge 最优的反萃温度分别为 30℃、40℃，在反萃时间为 15 min 时可实现 Ga、Ge 在有机相中的完全分离。

6.3.3　反萃平衡等温线

负载有机相：模拟三级逆流萃取制备的负载有机相，其含 Ga 1.916 g/L，含 Ge 2.770 g/L；水相：2.5 mol/L H_2SO_4 溶液。反萃条件为：反萃时间 15 min，反萃温度 30℃，反萃相比（A∶O）分别为 2∶1、1∶1、1∶2、1∶4、

1:6、1:8。在以上条件下通过改变相比绘制 Ga 的反萃平衡等温线,其结果如图 6-14 所示。按照逆流萃取原理,绘制 McCabe-Thiele 图;按照相比(A:O)为 1:2 的操作线,绘制反萃 Ga 的操作曲线,结果如图 6-13 所示。从图 6-13 可知,经过理论级数三级逆流反萃,负载有机相中的 Ga 降低至 15 mg/L。

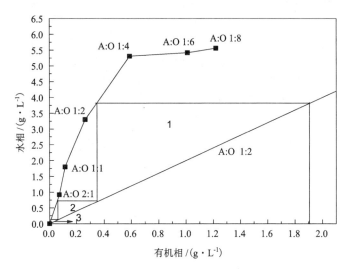

图 6-13　Ga 的反萃平衡等温线

负载有机相:反萃 Ga 后的有机相,其含 Ge 2.600 g/L;水相:4 mol/L NaOH 溶液。反萃条件为:反萃时间为 15 min,反萃温度为 40℃,反萃相比(A:O)分别为 1:1、1:2、1:4、1:6、1:8。在以上条件下通过改变相比绘制 Ge 的反萃平衡等温线,其结果如图 6-14 所示。按照逆流萃取原理,绘制 McCabe-Thiele 图;按照相比(A:O)为 1:3 的操作线,绘制反萃 Ge 的操作曲线,结果如图 6-14 所示。从图 6-14 可知,经过理论级数二级逆流反萃,负载有机相中的 Ge 降低至 10 mg/L。

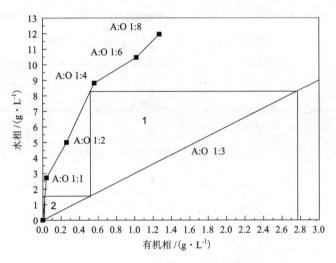

图 6-14　Ge 的反萃平衡等温线

　　为证实负载有机相上的 Ga 达到完全反萃所需的反萃级数，在相比(A：O)为 1：2、反萃时间为 15 min、反萃温度为 30℃的条件下，进行了三段逆流反萃试验。结果证实：负载有机相经三段逆流反萃，Ga 反萃率达 99.03%，反萃后得到含 3.795 g/L Ga 的硫酸反萃液，反萃后负载有机相中含 Ga 18.58 mg/L。另外，为证实负载有机相上的 Ge 达到完全反萃所需的反萃级数，在相比(A：O)为 1：3、时间为 15 min、反萃温度为 40℃的条件下，进行了二段逆流反萃试验。结果证实：负载有机相经二段逆流反萃，Ge 反萃率达 99.78%，反萃后得到含 8.280 g/L Ge 反萃液，反萃后负载有机相中含 Ge 6.09 mg/L。

　　由以上 Ga、Ge 萃取、反萃试验结果可知，以 N235 为萃取剂可实现草酸浸出液中 Ga、Ge 的共萃，负载有机相先后采用 H_2SO_4、NaOH 为反萃剂可实现 Ga、Ge 的选择性分离。萃余液中草酸含量为 30 g/L，通过补充草酸至 70 g/L 可作为锌粉置换渣的浸出剂使用。结合浸出、超声净化除铁的试验结果，现提出最佳的从锌粉置换渣中回收 Ga、Ge 的工艺流程，如图 6-15 所示。

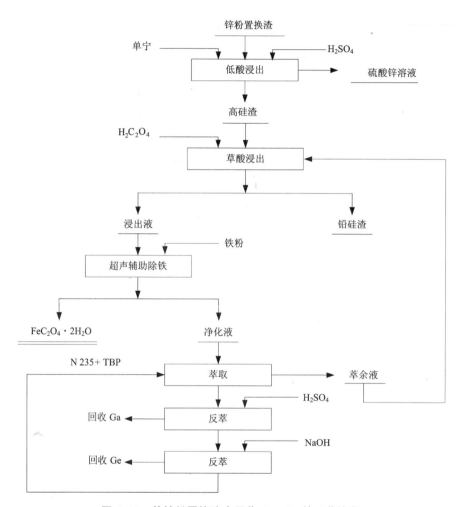

图 6-15 从锌粉置换渣中回收 Ga、Ge 的工艺流程

6.4 草酸亚铁中草酸回收

6.4.1 草酸亚铁中草酸根分离

在超声净化除铁阶段，虽可实现铁的沉淀分离，但同时会带走溶液中大部分草酸根。这不仅对环境带来潜在的危害，还会造成资源的极大浪费。因此，

本研究探索采用"盐酸溶解–冷冻结晶"的方法回收草酸。

在温度 65℃、液固比(mL/g)为 100 g/L、浸出时间 5 h 的条件下，考察了盐酸浓度对 $FeC_2O_4 \cdot 2H_2O$ 分解率的影响，其结果如图 6-16 所示。从图 6-16 可知，当盐酸浓度由 1 mol/L 增加到 4 mol/L 时，$FeC_2O_4 \cdot 2H_2O$ 分解率快速增加，由 16% 增加到 100%；继续增加盐酸浓度，草酸的分解率无明显变化。从图 6-17 可知，增加盐酸浓度可明显改善 $FeC_2O_4 \cdot 2H_2O$ 分解动力学，当盐酸浓度为 5mol/L 时，$FeC_2O_4 \cdot 2H_2O$ 完全分解所需的时间由 5 h 缩减为 5 min。增加反应温度也能明显促进 $FeC_2O_4 \cdot 2H_2O$ 分解，当温度由 25℃ 增加到 65℃ 时，在 5 min 内，$FeC_2O_4 \cdot 2H_2O$ 的分解率由 45% 增加到 100%。

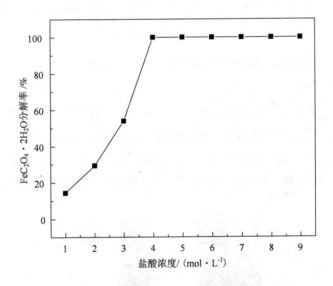

图 6-16　盐酸浓度对 $FeC_2O_4 \cdot 2H_2O$ 分解率的影响

在温度为 65℃、酸浸分解时间为 5 min 的条件下，分别考察了盐酸浓度为 5 mol/L 和 6 mol/L 时，液固比对 $FeC_2O_4 \cdot 2H_2O$ 分解率的影响，其结果如图 6-18 所示。由图 6-18 可知，当液固比为(S/L)为 200g/L、盐酸浓度为 6 mol/L 时，在 5 min 内，$FeC_2O_4 \cdot 2H_2O$ 的分解率只达 54%；在相同盐酸浓度及分解时间下，液固比为(S/L)150 g/L 时，几乎所有的 $FeC_2O_4 \cdot 2H_2O$ 实现了分解，所获得的浸出液中含有 70 g/L 的草酸根离子。对所得的浸出液进行 FT-IR 分析，并与纯草酸红外结构分析结果进行对比，结果如图 6-19 所示。其结果显示，在

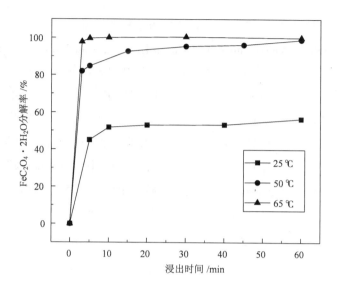

图 6-17　浸取时间及温度对 $FeC_2O_4 \cdot 2H_2O$ 分解率影响

1630 cm^{-1}和 1380 cm^{-1} 处分别出现了 COO-ν_{as} 的不对称伸缩振动及相应的对称伸展；另外在 1270 cm^{-1} 处出现 C—OH 基团的弯曲拉伸。这表明酸浸溶液中存在草酸($H_2C_2O_4$)分子。从以上研究可知，高酸度不仅有利于 $FeC_2O_4 \cdot 2H_2O$ 中草酸根离子的释放，更有利于草酸分子的形成，这也便于后续草酸结晶工艺的实施。

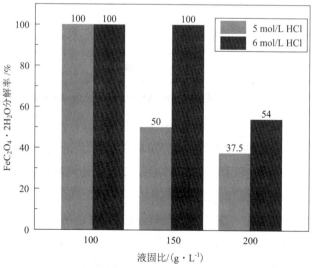

图 6-18　液固比对 $FeC_2O_4 \cdot 2H_2O$ 分解率影响

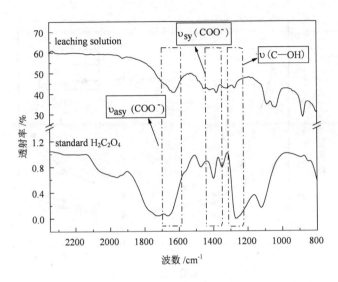

图 6-19　$Fe_2C_2O_4 \cdot 2H_2O$ 浸取液及纯草酸 FT-IR 图谱

6.4.2　草酸冷冻结晶回收

当 $Fe_2C_2O_4 \cdot 2H_2O$ 在一定盐酸浓度（HCl > 5 mol/L）溶解后，溶液中草酸根主要以 $H_2C_2O_4$ 分子形态存在，而不是以 $HC_2O_4^-$ 或 $C_2O_4^{2-}$ 存在，主要是因为草酸一级和二级解离常数分别为 5.9×10^{-2} 和 6.4×10^{-5}。为研究浸出液草酸冷却结晶行为，本研究配置了含 70 g/L $H_2C_2O_4$ 的不同盐酸浓度模拟溶液，考察了结晶温度、盐酸浓度、结晶时间等对草酸析出率及形貌的影响。图 6-20 所示结果表明，随着盐酸浓度的增加，草酸浓度逐渐降低；当盐酸浓度在 6 mol/L 时，草酸在溶液中的溶解度降至最低，只有 15 g/L；继续提高盐酸浓度，草酸溶解度呈上升趋势；盐酸浓度在 9 mol/L 时，草酸溶解度为 38 g/L。从草酸结晶产物形貌图（图 6-21）也可知，当盐酸浓度较高时更利于草酸晶体的长大；尤其当盐酸浓度由 4 mol/L 提高到 6 mol/L，草酸晶体颗粒呈现明显增大趋势。从 6-20 中也可以看出，当溶液结晶温度由 10℃ 降低到 5℃，残余溶液中的草酸逐渐降低；继续降低冷凝温度，草酸溶解度无明显变化。为此选择最适宜的结晶温度为 5℃。图 6-20 结果显示，当盐酸浓度为 6 mol/L、结晶温度为 5℃ 时，在 2 h 内，溶液中 79% $H_2C_2O_4$ 可实现回收。

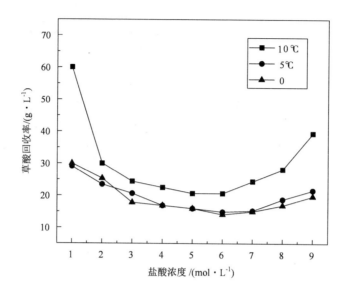

图 6-20　盐酸浓度对浸出液中草酸回收率的影响($t=5$ h)

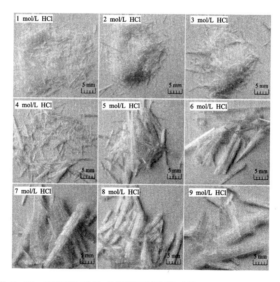

图 6-21　不同盐酸浓度下草酸晶体形貌($t=2$ h，$T=5$℃)

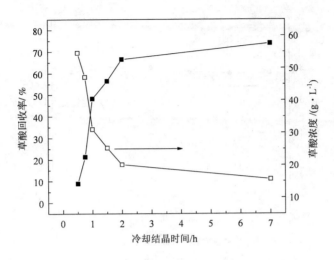

图 6-22　冷却结晶时间对浸出液中草酸回收率的影响

（$T=5℃$，盐酸浓度为 6 mol/L）

　　为验证冷却结晶法回收草酸的可行性，本研究进一步采用真实料液开展相关试验，所采用的真实料液是在 S/L = 100 g/L 的条件下采用不同盐酸浓度（4~9 mol）溶解 $FeC_2O_4 \cdot 2H_2O$ 产品所得。从图 6-23 可知，当盐酸浓度由 2.5 mol/L 提高到 6.5 mol/L 时，草酸回收率缓慢增加，由 78% 增加到 82%；浸出液中残余的草酸浓度由 14.5 g/L 降低到 12.5 g/L。这与图 6-16 所采用模拟液获得的结论基本一致。采用"高浓度盐酸溶解-冷却结晶"工艺处理含草酸溶液，可实现 80% 以上草酸的回收，所得到草酸产品 XRD 如图 6-24 所示。回收草酸后，残余液主要组成为 0.15 mol/L $H_2C_2O_4$、3.5 mol/L HCl 和 0.7 mol/L $FeCl_2$，可重新作为 $FeC_2O_4 \cdot 2H_2O$ 的浸出液。但 $FeCl_2$ 经多次循环可达到其饱和溶解度，会对 $FeC_2O_4 \cdot 2H_2O$ 的溶解产生不利影响。为此，当 $FeCl_2$ 富集到一定浓度，可采用蒸发结晶的方式回收 $FeCl_2$。

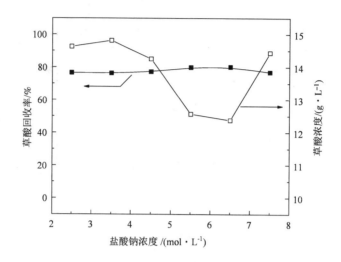

图6-23　盐酸钠浓度对浸草酸回收率及残余液草酸浓度的影响

（T=5℃，盐酸浓度为 6 mol/L）

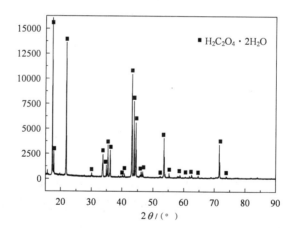

图6-24　冷却结晶获得的草酸产品 XRD 图谱

（T=5℃，盐酸浓度为 6 mol/L）

6.5　本章小结

（1）N235 萃取草酸溶液中金属离子的顺序为：$Ge(IV) \gg Fe(III) > Ga(III) \gg Zn(II) \sim Cu(II)$，溶液中存在 $Fe(III)$，对 $Ga(III)$ 的萃取不利，而 $Fe(III) < 0.5$ g/L 时，其对 $Ga(III)$ 的萃取影响较小。

（2）有机相中 N235 浓度的增加有利于草酸溶液中 Ga、Ge 的萃取；添加 TBP 有利于萃取体系中有机相与液相的分离。最优的有机相（v/v）组成为：20% N235+10% TBP+70% 煤油。

（3）在温度 25℃ 时，采用最优的有机相组成，Ga、Ge 的萃取平衡在 10 min 内即可完成；采用三段逆流萃取工艺，Ga、Ge 的萃取率分别可达 99.02%、99.76%；负载 Ga、Ge 的有机相分别为 $\overline{Ga(C_2O_4)_3 \cdot (R_3NH)_3 \cdot (TBP)_{0.5}}$、$\overline{Ge(C_2O_4)_3 \cdot (R_3NH)_2 \cdot (TBP)_{0.25}}$。

（4）负载 Ga、Ge 的有机相，先后采用 H_2SO_4、NaOH 为反萃剂反萃可实现 Ga、Ge 的选择性分离。在反萃温度分别为 30℃、40℃ 时，Ga、Ge 的反萃平衡在 15 min 即可完成。通过绘制 Ga、Ge 的反萃等温线及 McCabe-Thiele 图可知，在相比（A∶O）为 1∶2 时，Ga 经三段逆流反萃可实现完全反萃；Ge 在相比（A∶O）为 1∶3 时，经二段逆流反萃可实现完全反萃。

（5）采用"超声净化除铁-盐酸溶解-草酸冷却结晶"的方法可实现草酸体系中铁的去除及草酸的回收。在最优条件下，铁的去除率可达 99%，而草酸的回收率在 80% 以上。

第 7 章

吸附法富集氧压浸出液中镓、锗

从第五、第六章可知，采用"锌粉置换渣浸出–萃取"的工艺回收氧压浸出液中的镓、锗时，存在流程较长、中间物料处理难度大、成本高等缺点。为此，在前期研究工作的基础上，探究是否可采用一步吸附的方法将氧压浸出液中的镓、锗回收。本章探索了硅镁质吸附材料–海泡石、碳质吸附材料–活性炭对氧压浸出溶液中 Ga、Ge 的吸附效果。

7.1 吸附理论及吸附模式

吸附体系中存在吸附剂和吸附质，吸附剂中存在多种活性基团，如羟基、羧基、氨基等，这些活性基团通过与溶液中的金属离子形成离子键或共价键，达到吸附金属离子的目的。吸附剂也可与氢键、盐键形成于类似网状结构的笼型分子。该分子可与金属离子进行螯合作用，有效地吸附溶液中的金属离子。吸附质是指被吸附剂吸附的物质。

根据吸附剂与吸附质之间吸附力的不同，吸附剂可分为物理吸附和化学吸附。物理吸附也称范德华吸附，它是由吸附质和吸附剂分子间的作用力引起，此力也称作为范德华力。化学吸附类似于化学反应，通过电子转移或电子对共用形成化学键或生成表面配位化合物等方式产生的吸附。化学吸附的吸附作用力为化学键力。

表 7-1　物理吸附和化学吸附的区别

项目	物理吸附	化学吸附
作用力	范德华力	化学键
吸附速率	极快, 通常瞬间即达平衡	较慢, 达到平衡需较长时间
吸附热	少(几百 J/mol)	较大(>42 kJ/mol)
选择性	无	较高选择性
温度影响	吸附、脱附速率不受影响	吸附、脱附速率随温度升高而明显加快
脱附难易程度	易脱附	不易脱附

在一定温度下, 溶质分子于两相界面上进行的吸附达到平衡时, 它们在两相中浓度之间的关系曲线称为吸附等温线。在吸附等温线分析中, 通常采用 Langmuir 等温模型与 Freundlich 等温模型对吸附平衡数据进行拟合分析。

(1) Langmuir 等温吸附模型。

$$\frac{c_e}{q_e} = \frac{1}{q_m \cdot b} + \frac{c_e}{q_m} \tag{7-1}$$

式中: q_m——吸附剂的饱和吸附量(mg/g);

q_e——吸附平衡时吸附剂的吸附量(mg/g);

c_e——吸附平衡时溶液中金属离子浓度(mg/L);

b——(Langmuir)常数(L/mg)。

该吸附理论模式的基本观点: 固体表面存在没有饱和的原子力场; 每一种吸附质分子在吸附剂上都有一特定吸附位, 当吸附质与吸附剂接触时就会被吸附在吸附质表面的特定吸附位; 一旦吸附质表面上覆盖满一层溶质分子, 这种吸附位就得到了饱和, 吸附不再发生。可知, 该种吸附是单分子层的。此方程可应用于物理吸附和化学吸附。

(2) Freundlich 等温模型。

$$\lg q_e = \frac{1}{n} \lg c_e + \lg k_F \tag{7-2}$$

式中: q_e——吸附平衡时吸附剂的吸附量(mg/g);

c_e——吸附平衡时溶液中金属离子浓度(mg/L);

k_F——Freundlich 模型常数(mg/g);

n—Freundlich 模型常数。

该方程常应用于中等浓度的吸附体系，且在一定浓度范围内与 Langmuir 式较为接近。

7.2 海泡石吸附镓

7.2.1 改性及表征

海泡石的结构为层链状过渡型，其比表面积和孔容较大。因此，海泡石具有较强的吸附能力和分子筛功能。但是未经活化的海泡石的吸附性和离子交换性很弱，使用前必须对其进行改性处理。

改性条件：在液固比(mL/g)为 5 的条件下采用 2 mol/L 的 HCl 浸泡海泡石，在常温下反应 24 h 后过滤并洗涤至中性，将洗涤后的海泡石放入 60℃的烘箱中烘干，即得改性海泡石。

经盐酸改性处理后，海泡石的结构发生以下改变：1)海泡石孔道中的 Ca、Mg 等金属的化合物被溶解，使其比表面积和孔容增大；2)海泡石暴露出更多的表面酸性羟基。海泡石比表面积和孔容增大有利于 Ga、Ge 的物理吸附，而海泡石表面酸性羟基和孔道中的水分子可作为配位体与金属离子络合，形成稳定的配合离子。该吸附过程为化学吸附。另外，与溶液中 Zn^{2+}、Cu^{2+} 等金属离子相比，Ga^{3+} 的半径较小且带电荷较多，故海泡石对 Ga^{3+} 的吸附性能优于溶液中其余的金属离子。

海泡石经盐酸改性前后的主要化学成分分析如表 7-2 所示，其所含主要物相如图 7-1 所示。从表 7-2 可知，海泡石主要含 Si、Mg、Ca、Al、Fe 等元素。经盐酸改性处理后，海泡石中 Ca 的含量由 7.93% 降低到 0.25%，Mg、Al、Fe 等金属部分溶解；Si 得到富集，Si 的含量达 46.39%。从图 7-1 可知，盐酸改性后海泡石中 $CaCO_3$、$Mg_3(OH)_2Si_4O_{10}$ 的峰明显减弱或消失，说明经盐酸改性后，海泡石中金属离子溶解，使其比表面及孔容增加(表 7-2)。

表 7-2　海泡石原矿及改性海泡石的主要元素含量　　　　单位：%

元素	海泡石原矿	盐酸改性海泡石
O	40.93	39.83
Si	32.52	46.39
Mg	13.56	10.76
Ca	7.93	0.25
Al	2.17	2.54
F	1.12	1.32
Fe	1.03	1.01
K	0.26	0.34

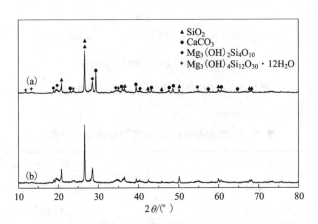

（a）海泡石原矿；（b）盐酸改性海泡石。

图 7-1　海泡石及改性海泡石 XRD 图谱

表 7-3　海泡石改性前后比表面积

编号	吸附剂种类	比表面积/（m² · g⁻¹）
1	海泡石原矿	93.54
2	盐酸改性海泡石	114.21

由图 7-2 及表 7-4 可知，盐酸改性海泡石后，Mg—O 和 Si—O 的特征峰均

有一定的增强。这主要是因为海泡石经改性后 H^+ 取代海泡石中的 Mg^{2+}、Ca^{2+} 等离子，使得海泡石中硅氧四面体和镁氧八面体增多。

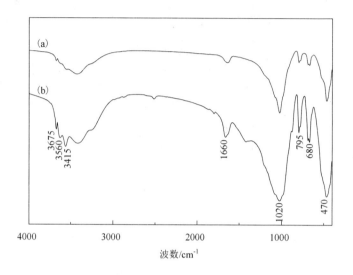

（a）海泡石原矿；（b）盐酸改性海泡石。

图 7-2　海泡石及改性海泡石的红外光谱图

表 7-4　海泡石 FT-IR 主要吸收峰位及归属

吸收峰波数/cm^{-1}	吸收峰归属
3675、470	Mg—O 的伸缩振动
3560、3415	H$_2$O 的伸缩振动
1660	H$_2$O 的振动振动
1020	Si—O 的伸缩振动
795、680	Si—O 的弯曲振动

图 7-3 为海泡石经盐酸改性前后等电位点的变化。从图 7-3 中可以看出，活化后海泡石的等电位点从 6.33 降低至 5.77。由于氧压浸出液经中和后，溶液的 pH 在 2 左右，且溶液中的 Ga 主要以 Ga^{3+} 存在，因此海泡石等电位点的降低有利于海泡石吸附溶液中 Ga^{3+}。

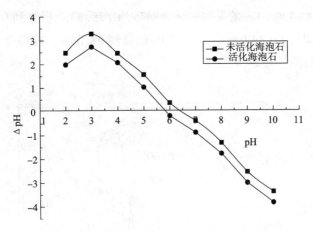

图 7-3　海泡石经盐酸改性前后等电位点变化

7.2.2　初始 pH 的影响

在吸附温度为 30℃、液固比为 20、吸附时间为 1 h 的条件下，考察了溶液 pH 对 Ga、Ge 吸附率的影响，其结果如图 7-4 所示。

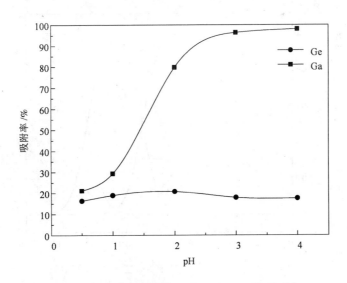

图 7-4　溶液初始 pH 对 Ga、Ge 吸附率的影响

由图 7-4 可知, 当溶液的初始 pH 小于 2 时, Ga、Ge 的吸附率均较小; 当 pH 由 2 提高到 4 时, Ga 的吸附率显著提高, 由 29.33% 提高到 96.33%; 继续提高 pH 至 5 时, Ga 的吸附率由 96.33% 提高到 98.05%。在整个 pH 考察范围内, Ge 的吸附率均在 20% 以下。

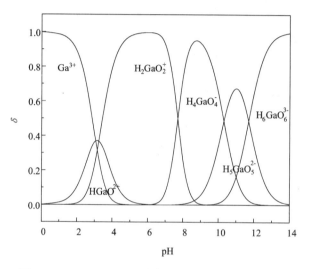

图 7-5 Ga_2O_3-H_2O 系中各组元的分布 (298.15 K)

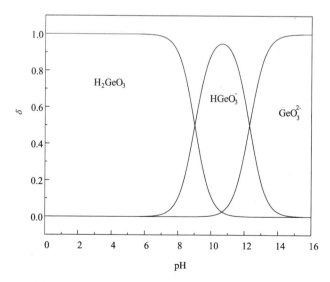

图 7-6 GeO_2-H_2O 系中各组元的分布 (298.15 K)

活化后海泡石表面存在大量的羟基,随着溶液中酸度的提高,溶液中的 H^+ 使海泡石表面基团逐渐质子化,使其表面正电性上升。根据 Ga、Ge 在溶液中离子分布图(图7-5、图7-6)可知,pH 为 1~3 时,Ga 主要以 Ga^{3+} 的形式存在,Ge 主要以 H_2GeO_3 的形式存在。所以,增加溶液 pH 会使得海泡石表面的负电性增加,对 Ga^{3+} 的静电力增大。故随着溶液 pH 的增大,Ga^{3+} 的吸附率增大。由于海泡石对溶液中 Ge 的吸附主要为化学吸附,即与海泡石表面的羟基或羧基发生络合反应或氢键作用,故溶液初始 pH 对 Ge 的吸附率影响较小。

7.2.3　海泡石用量的影响

在吸附温度为 30℃、吸附时间为 1 h、溶液 pH 为 3 的条件下,考察了改性海泡石用量对 Ga、Ge 吸附率的影响,其结果如图 7-7 所示。

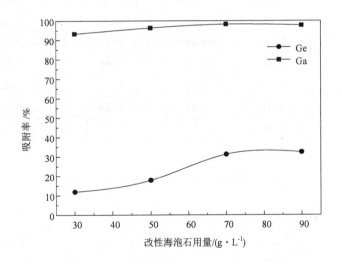

图 7-7　改性海泡石用量对 Ga、Ge 吸附率的影响

从图 7-7 中可知,当改性海泡石用量由 30 g/L 增加到 50 g/L 时,Ga、Ge 的吸附率均随海泡石用量的增加而缓慢增加,Ga、Ge 的吸附率分别由 93.31%、11.90% 提高到 96.33%、17.84%。当改性海泡石用量继续增加到 70 g/L,Ga、Ge 的吸附率分别可达 98.20%、31.21%,Ge 的吸附率提高了近 15%。为实现 Ga、Ge 的选择性分离,选择改性海泡石用量 50 g/L 为宜。

7.2.4 Ga 吸附等温线

在 pH 为 3、温度为 30℃、改性海泡石质量为 1g、吸附时间为 2 h、液固比为 20 的条件下，考察了溶液初始浓度对 Ga、Ge 吸附率的影响，其结果如表 7-5 所示。

当溶液中 Ga、Ge 初始浓度由 25 mg/L 提高到 200 mg/L 时，Ga、Ge 的吸附率分别由 22.08%、99.09%降低到 6.66%、77.67%；海泡石对 Ga、Ge 的吸附量分别由 0.110 mg/g、0.496 mg/g 提高到 0.266 mg/g、3.107 mg/g。由以上数据可绘制出 Ga、Ge 的吸附等温线，如图 7-8、图 7-9 所示。

表 7-5 镓锗初始浓度对吸附的影响

浓度 /(mg·L⁻¹)	锗吸附率 /%	镓吸附率 /%	平衡吸锗量 /(mg·g⁻¹)	平衡吸镓量 /(mg·g⁻¹)
25	22.08	99.09	0.110	0.496
50	16.49	98.63	0.165	0.986
100	10.76	92.15	0.215	1.843
150	8.11	85.81	0.243	2.574
200	6.66	77.67	0.266	3.107

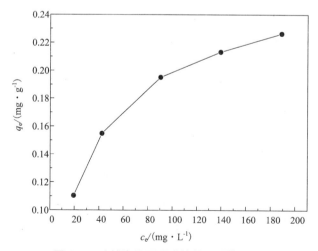

图 7-8 改性海泡石吸附锗的吸附等温线

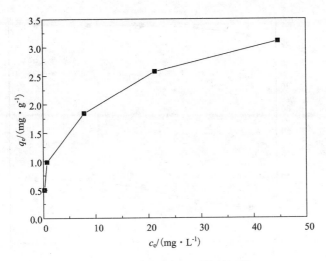

图 7-9 改性海泡石吸附镓等温线

采用 Langmuir 和 Freundlich 两种吸附等温模式对 Ge、Ga 吸附等温线进行拟合，其结果如表 7-6 所示。由表 7-6 可知，采用 HCl 改性海泡石吸附 Ga、Ge 可用 Freundlich 和 Langmuir 两种模型进行拟合，其 R^2 均大于 0.97。这说明海泡石吸附 Ga、Ge 的过程属单分子层吸附。

表 7-6 Langmuir 及 Freundlich 方程的参数及相关系数

元素	Langmuir 等温方程			Freundlich 等温方程		
	$q_m/(\mathrm{mg \cdot g^{-1}})$	$b/(\mathrm{L \cdot mg^{-1}})$	R^2	k_F	n	R^2
Ga	3.22	0.32	0.985	0.43	2.27	0.975
Ge	0.32	0.026	0.998	0.06	2.07	0.983

7.2.5 吸附动力学

在溶液 pH 为 3、温度为 30℃、活化海泡石量为 1g、液固比为 20 的条件下，考察了吸附时间对 Ga、Ge 吸附率的影响，其结果如图 7-10 所示。

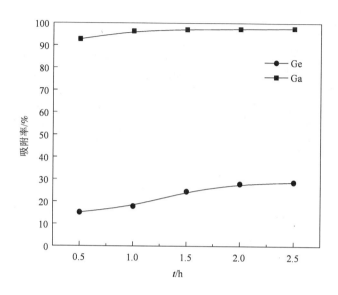

图 7-10　吸附时间对 Ga、Ge 吸附率的影响

由图 7-10 可知，Ga、Ge 的吸附率随时间的延长而增加。当吸附时间由 0.5 h 提高到 1 h 时，Ga、Ge 的吸附率分别由 92.70%、15.08% 增加到 96.33%、17.84%。继续延长吸附时间，Ga、Ge 的吸附率变化不大。这主要是因为海泡石具有较多的孔道，当金属离子被吸附时，需要一定的时间到达其吸附位点。因此随着时间的增加，Ga、Ge 的吸附率增加。当时间超过 1 h 时，海泡石对 Ga、Ge 的吸附已达到平衡。因此，选择吸附时间 1 h 为宜。分别采用准一级和准二级动力学模型对 Ga、Ge 的吸附动力学数据进行模拟，并分析金属离子浓度随吸附时间的变化关系，结果如图 7-11 和表 7-7 所示。

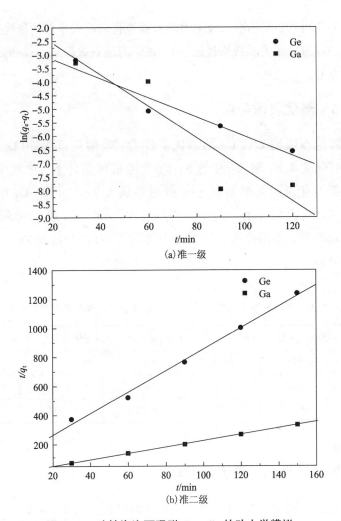

图 7-11　改性海泡石吸附 Ga、Ge 的动力学模拟

表 7-7　改性海泡石吸附 Ga、Ge 的准一级和二级反应动力学参数

元素	实际吸附量 q_e/ (mg · g^{-1})	准一级动力学方程参数			准二级动力学方程参数		
		R^2	k_1/ min^{-1}	q_{e1}/ (mg · g^{-1})	R^2	k_2/ (g · mg^{-1} · min^{-1})	q_{e2}/ (mg · g^{-1})
Ga	0.451	0.841	0.135	0.547	0.999	0.150	0.475
Ge	0.121	0.940	0.087	0.086	0.994	0.109	0.159

从表 7-7 可知，采用准二级动力学方程拟合的相关系数明显优于准一级动力学方程；Ga、Ge 相关系数均接近于 1，说明海泡石吸附 Ga、Ge 的过程主要以化学吸附为主。

7.2.6 最优吸附条件

改性海泡石吸附 Ga、Ge 的最优条件为：吸附温度为 30℃、液固比为 20、吸附时间为 1 h、溶液 pH 为 3。在上述最优条件下，溶液中的主要金属离子浓度变化及吸附率如表 7-8 所示。从表 7-8 可知，Ga 吸附率可达 96.33%，Ge 的吸附率在 17.84%，Zn、Fe、Cu 等金属的吸附率均低于 10%。由此可知，采用盐酸改性海泡石可实现溶液中 Ga 与 Zn、Fe、Cu、Ge 等金属的分离。

表 7-8 海泡石吸附前后溶液中主要金属离子浓度的变化及其吸附率

元素	$Zn/(g \cdot L^{-1})$	$Fe/(g \cdot L^{-1})$	$Cu/(mg \cdot L^{-1})$	$Ga/(mg \cdot L^{-1})$	$Ge/(mg \cdot L^{-1})$
吸附前液	145	10.7	50.8	25	25
吸附后液	142	9.8	46.7	0.92	20.54
吸附率/%	2.06	8.41	8.07	96.33	17.84

7.2.7 Ga 脱附与海泡石循环

在最优条件下得到的载 Ga(0.8 mg/g) 海泡石采用 1 mol/L H_2SO_4 在温度 50℃、液固比为 5 的条件下解吸 1 h，其中 Ga 的解吸率可达 99.5%，解吸液中 Ga 的含量达 159.2 mg/L。解吸后的海泡石，经水洗、烘干后可重新用作吸附剂。将此吸附剂循环吸附、解吸四次，其效果如图 7-12 所示。

从图 7-12 可知，活化后的海泡石经 4 次循环吸附、解吸后，海泡石对 Ga 的吸附率仍可达 90.89%，且海泡石上 Ga 的解吸率为 92.64%。以上结果说明解吸后的海泡石可循环使用。

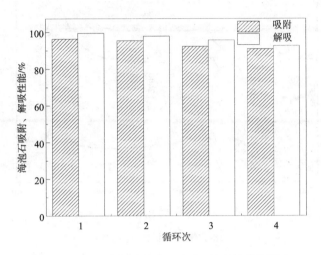

图 7-12　循环次数对海泡石吸附、解吸性能的影响

7.3　活性炭吸附锗

采用改性海泡石处理氧压浸出液,可实现 Ga 的选择性分离与回收,但吸附后液中 Ge 的含量仍为 20.54 mg/L。为回收这部分 Ge,本章节拟采用活性炭吸附法回收溶液中的 Ge。

7.3.1　改性及表征

改性条件:在液固比为 10、温度为 30℃ 的条件下分别采用浓度为 2 g/L、4 g/L、8 g/L、16 g/L、32 g/L 的酒石酸浸泡活性炭,在常温下浸泡 24 h 后过滤并洗涤至中性,将洗涤后的活性炭放入 60℃ 烘箱中烘干,即得改性活性炭。

图 7-13 为活性炭活化前后的红外图谱。由图 7-13 可知,未活化过的活性炭表面峰少而且弱,3650 cm^{-1} 处是 O—H 键的伸缩振动区;1580 cm^{-1} 是骨架的振动;1198 cm^{-1} 处有微弱的振动区,主要是由 C—O 键的伸缩振动引起的。

经酒石酸活化后的活性炭,在 1724 cm^{-1} 处为 C═O 键吸收峰,且强度较大;1425 cm^{-1} 处为 O—H 弯曲振动峰;1207 cm^{-1} 处为 C—O 伸缩振动峰。由此可知,活性炭经改性后表面出现羧基,羧基的出现有利于与 Ge^{4+} 发生络合反

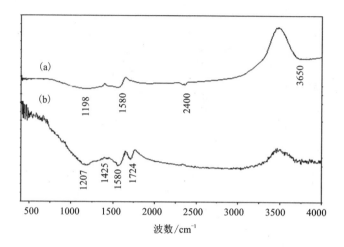

（a）活化前；（b）活化后（6 g/L）。

图7-13　活性炭改性前后红外图谱

应，促进活性炭吸附溶液中的 Ge。

图7-14 为经酒石酸改性前后活性炭等电位点的变化。从图7-14 中可知，改性后活性炭的等电位点从改性前的 6 降至 4。由于氧压浸出液经中和后，溶液的 pH 在 2 左右，且溶液中的 Ge 主要以 Ge^{4+}、H_2GeO_4 形式存在。因而活性炭等电位点的降低有利于活性炭对溶液中对 Ge 的吸附。

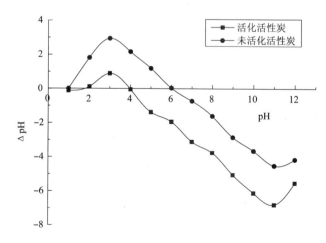

图7-14　活性炭改性前后活性炭等电位点

本次试验测定了活性炭改性前后比表面积的变化，其结果表明：活化前的活性炭比表面积为 977.2 cm²/g，活化后其比表面积为 1417.8 cm²/g。随着比表面积的增加，吸附质的可着点增加，有利于金属离子的吸附。

7.3.2　初始 pH 的影响

在液固比为 20、活化剂浓度为 6 g/L、温度为 30℃、吸附时间 1 h 的条件下，考察了溶液初始 pH 对 Fe、Zn、Ge 吸附率的影响，其结果如图 7-15 所示。

从图 7-15 可知，当溶液 pH 由 1 升至 3 时，Ge 的吸附率由 82.64% 提高到 96.82%；在 pH 为 3 时，Fe、Zn 的吸附率变化较小，分别为 6.89%、3.00%。继续升高 pH，Ge 的吸附率变化较小；在 pH 为 4 时，Fe、Zn 的吸附率分别达 10.10%、4.65%。Ge、Zn、Fe 有如此变化趋势，其主要原因是：当溶液 pH 较低时，溶液中存在着大量的游离氢离子，这些氢离子会占据在活性炭的表面上，导致金属离子无法吸附在其表面。另外，活性炭对溶液中 Ge 的吸附主要为化学吸附，即与活性炭表面的羟基或羧基发生络合反应或氢键作用。而增加溶液 pH 会使得活性炭表面的负电性增加，对 Ge 的静电力增大，故随着溶液 pH 的增大，Ge 的吸附率增大。

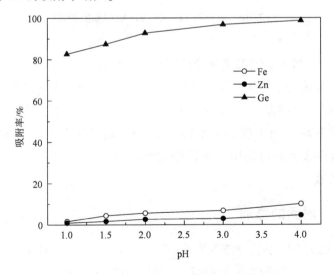

图 7-15　初始 pH 对 Fe、Zn、Ge 吸附率的影响

7.3.3 温度的影响

在液固比为 20、活化剂浓度为 6 g/L、pH 为 3、吸附时间 1 h 的条件下, 考察了温度对 Fe、Zn、Ge 吸附率的影响, 其结果如图 7-16 所示。

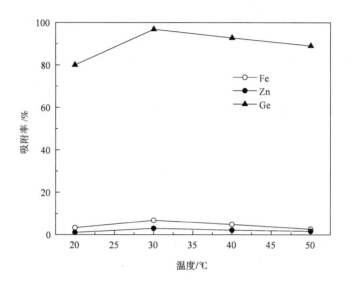

图 7-16 温度对 Fe、Zn、Ge 吸附率的影响

由图 7-16 可知, 当温度从 20℃ 升至 30℃ 时, Fe、Zn、Ge 的吸附率不断升高。在温度为 30℃ 时, Fe、Zn、Ge 的吸附率分别为 6.82%、3.00%、96.82%。继续升高温度, Fe、Zn、Ge 的吸附率有所降低。其主要原因是: 随着温度的升高有利于改善 Fe、Zn、Ge 的吸附动力学; 当温度高于 40℃ 时, 改性活性炭上的官能团与溶液中锗生成的络合物稳定性下降, 不利于金属离子的吸附。

7.3.4 时间的影响

在液固比为 20、活化剂浓度为 6 g/L、pH 为 3、温度 30℃ 的条件下, 考察了时间对 Fe、Zn、Ge 吸附率的影响, 其结果如图 7-17 所示。

由图 7-17 可知, 时间对 Ge 的影响较为显著。当时间由 10 min 提高到 60 min 时, Ge 的吸附率由 62.68% 增加到 96.82%。继续延长吸附时间, Ge 的吸附率变化较小。在相同条件下, Fe、Zn 的吸附率呈上升趋势, 但变化较小,

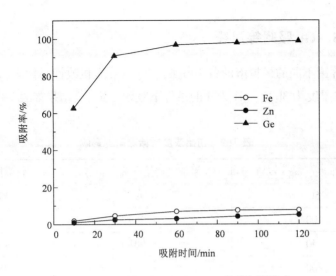

图 7-17　吸附时间对 Fe、Zn、Ge 吸附率的影响

分别从 1.86%、0.95% 提高到 6.89%、3.00%。这主要是因为：在吸附之初，锗的吸附主要发生在改性活性炭的表面，且由于其表面存在大量的锗吸附位点，使得吸附较易进行。随着吸附时间的延长，表面吸附位点趋于饱和，锗将进入吸附剂的微孔内部进行吸附反应。从图 7-18 可知，活性炭的孔径具有一定深度，锗离子进入改性活性炭内部被吸附需要一定时间，使得吸附的速率减慢。所以，改性活性炭达到饱和吸附需要较长时间。从上述结果可知，吸附时间为 1 h 时，Ge 的吸附效果较为理想。

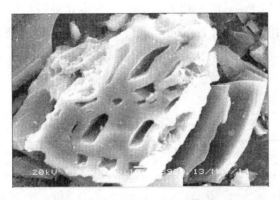

图 7-18　改性活性炭吸附金属离子后的 SEM 结果

7.3.5 Ge 吸附等温线

配置含锗不同的模拟溶液各 20 mL，加入 1 g 有机改性活性炭(活化剂浓度 6 g/L)，在温度为 30℃、pH 为 3 的条件下吸附 1 h。其结果如表 7-9 所示。

表 7-9 初始浓度对锗吸附的影响

锗初始浓度/($mg \cdot L^{-1}$)	平衡吸锗量/($mg \cdot g^{-1}$)	锗吸附率/%
50	0.990	99.01
100	1.969	98.45
150	2.901	96.67
200	3.814	95.35
300	5.518	91.97
400	6.716	83.96
500	7.015	70.15

由表 7-9 可看出，随着锗初始浓度的升高，改性活性炭对锗的吸附量不断增大，吸附率则呈下降趋势。这是由于改性活性炭上锗的吸附位点决定了其对锗的吸附量。当活性炭对锗吸附达到饱和时，锗的吸附量不会继续增加，使得吸附率降低。

根据表 7-9 数据作改性活性炭吸附镓、锗的吸附等温线，如图 7-19 所示。将锗吸附等温线用 Freundlich 和 Langmuir 两种模式进行拟合，拟合结果见表 7-10。由表 7-10 可知，用 Freundlich 和 Langmuir 两种模式进行拟合的相关系数均大于 0.97，活性炭吸附锗规律可用 Freundlich 和 Langmuir 两种模式较好地拟合，说明活性炭吸附锗的过程属单分子层吸附。

表 7-10 Freundlich 和 Langmuir 模式拟合结果

元素	Langmuir 等温方程			Freundlich 等温方程		
	$q_{m}/(mg \cdot g^{-1})$	$b/(L \cdot mg^{-1})$	R^2	k_F	n	R^2
Ge	7.35	0.44	0.989	1.519	1.97	0.975

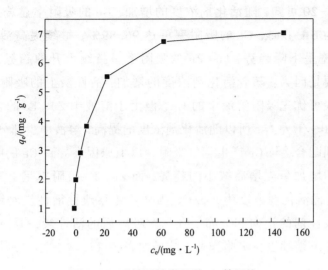

图 7-19　改性活性炭吸附 Ge 等温线

7.3.6　活化剂浓度的影响

在液固比为 20、吸附时间 1 h、pH 为 3、温度 30℃ 的条件下，考察了活化剂浓度对 Fe、Zn、Ge 吸附率的影响，其结果如图 7-20 所示。

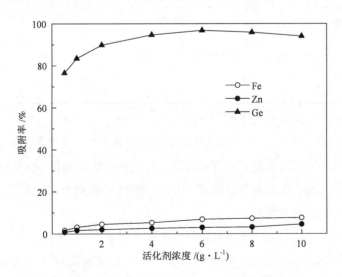

图 7-20　活化剂浓度对 Ga、Ge 吸附率的影响

由图 7-20 可知，随活化剂浓度的增加，Ge 的吸附率显著提高；当活化剂浓度为 6 g/L 时，Ge 的吸附率可达 96.89%。继续提高活化剂浓度，Ge 的吸附率呈下降趋势，Fe、Zn 的吸附率呈持续上升的趋势，但变化较小。这主要是因为：随着活化剂浓度的增加，活性炭上的吸附位点增加；虽然活性炭可优先吸附溶液中的 Ge，但由于溶液中 Zn、Fe 的含量分别在 100 g/L、10 g/L 左右，所以随活化剂浓度的提高，溶液中少部分 Zn^{2+}、Fe^{3+} 会与活化剂配合，与 Ge 产生竞争吸附。以上原因会导致 Ge 的吸附率随活化剂浓度的增加呈先增后减小的趋势，而 Zn、Fe 吸附率呈上升趋势。因此，选择最优活化剂浓度为 6 g/L。为初步考察改性活性炭对锗的吸附容量及有机改性剂的走向和分布，将一次吸附后的活性炭，不经解吸处理，在相同条件下继续进行吸附作业，结果如表 7-11。

表 7-11　不同活化剂浓度下活性炭连续吸附试验结果

活化剂浓度/(g·/L^{-1})	一次吸附 Ge/%	二次吸附后 Ge/%
10	94.05	86.56
8	95.89	85.46
6	96.82	80.20
4	94.68	76.57
2	89.86	65.48
1	83.41	53.40
0.5	76.52	32.30

由表 7-11 可知，在考察的活化剂浓度范围内，与一次吸附相比，改性活性炭对溶液中锗的二次吸附率均有所降低，且活化剂浓度越低，两次吸附的效果差别也越大。当活化剂浓度超过 8 g/L 时，改性活性炭对 Ge 的一次吸附和二次吸附效果差别趋于稳定。

试验所用活化剂为低碳链有机物，其不可避免会进入吸附后液，进而可能进入电解系统。尽管现有文献报道证实，在低浓度下其对锌电解系统影响不大，但考虑到活化剂浓度较高，有必要系统考察活化剂在活性炭改性、吸附、解吸过程中的走向和分布。

（1）活性炭改性阶段活化剂走向。

表 7-12　活化剂在活性炭改性阶段的走向和分布

活化剂初始浓度/(g·L⁻¹)	总有机碳浓度/(mg·L⁻¹)	活化后溶液中有机碳/(mg·L⁻¹)	洗水中有机碳/mg	固定在吸附剂上的有机碳/mg	占总碳比例/%
10	3234.00	865.23	20.96	236.89	73.25
8	2524.51	599.88	31.61	192.46	76.24
6	1866.54	331.81	29.83	153.47	82.22
4	1249.48	206.90	9.64	104.26	83.44
2	621.20	66.78	3.30	55.44	89.25
1	313.26	27.32	0.73	28.59	91.28
0.5	156.92	8.01	0.23	14.90	94.93

由表 7-12 可知，随着活化剂浓度的增加，活化剂在活性炭上的吸附比例减少。当活化剂浓度为 0.5 g/L 时，经改性处理后，约 95% 的活化剂吸附于活性炭上；当活化剂浓度增加至 10 g/L 时，吸附于活性炭上的活化剂降至 73% 左右。

（2）吸附-解吸阶段活化剂走向和分布。

由表 7-13 和图 7-21 可知，在活性炭吸附-解吸过程中，活化剂主要进入吸附后液，仅有少量进入解吸液，且活化剂浓度越高，进入吸附后液中的活化剂越多。

表 7-13　活化剂在吸附、解吸过程中的分布

活化剂浓度/(g·L⁻¹)	一次吸附后液有机碳/(mg·L⁻¹)	二次吸附后液有机碳/(mg·L⁻¹)	解析液中有机碳/(mg·L⁻¹)	活性炭上残留有机碳/mg
10	738.46	203.71	70.80	135.59
8	649.62	208.38	65.41	100.12
6	553.00	144.86	60.45	77.64
4	395.42	216.41	49.41	38.14

续表7-13

活化剂浓度 /(g·L⁻¹)	一次吸附后液 有机碳/(mg·L⁻¹)	二次吸附后液 有机碳/(mg·L⁻¹)	解析液中有 机碳/(mg·L⁻¹)	活性炭上残留 有机碳/mg
2	233.61	113.77	44.79	16.22
1	127.88	61.14	35.88	6.10
0.5	68.03	34.42	28.52	1.81

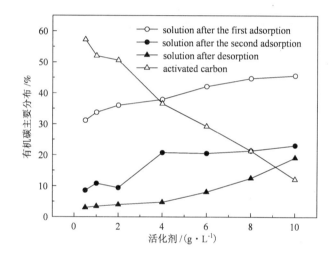

图7-21　活化剂在解吸、吸附等阶段中有机碳主要分布

随着活化剂浓度由 0.5 g/L 增加至 10 g/L，在吸附后液中有机碳的分布由 45.63% 降低到 31.17%，但共含量由 68.03 mg/L 提高到 738.46 mg/L。此外，改性活性炭二次吸附过程中，有机碳进入溶液中的量要低于一次吸附，二次吸附后液中有机碳的含量由 34.42 mg/L 提高到 203.71 mg/L。这可能是在活化剂改性时，部分活化剂以物理吸附的形式作用于活性炭；这部分活化剂与活性炭结合较弱，易被解吸下来，特别是在高浓度活化剂改性条件下，以物理吸附形式存在的部分较多，使得吸附后液中有机碳量较大。

以上结果表明，尽管随着活化剂浓度的增加，改性活性炭对锗的吸附性能有所提高，但总的来说，影响有限。值得注意的是，高浓度活化剂改性活性炭吸附后液中有机碳也会迅速上升，这可能对锌冶炼系统带来不利影响。为此，开展了活性炭直接吸附锗配合离子的试验，即在硫酸锌溶液中直接加入一定量的活化剂，然后以活性炭为吸附剂吸附溶液中的锗配合物离子。

7.3.7　活化剂加入方式的影响

基于采用"酒石酸改性活性炭-改性活性炭吸附"工艺回收溶液中 Ge，存在流程长、活化剂用量大等缺点，本章节探索了"锗配合处理-活性炭吸附"工艺回收氧压浸出液中锗的研究。

在温度为 30℃、液固比为 20、时间为 1 h 的条件下，考察了活化剂浓度对溶液中 Fe、Zn、Ge 吸附率的影响，其结果如表 7-22 所示。

从图 7-22 可知，随着活化剂浓度的增加，活性炭对溶液中 Ge 的吸附效果越好。在考察的活化剂浓度范围内，活性炭对 Fe、Zn 的吸附效果较差。当活化剂浓度由 50 mg/L 增加到 500 mg/L 时，Ge 的吸附率由 29.45% 提高到 96.26%。在活化剂浓度为 500 mg/L 时，Fe、Zn 的吸附率最高只达 3.89%、1.80%。这主要是因为与 Zn、Fe 相比，酒石酸与 Ge 更易生成稳定的配合物。所以，通过控制酒石酸的添加量，可避免 Fe、Zn 在吸附过程的损失。以上结果表明，相比改性活性炭吸附工艺，该工艺活化剂的用量明显减少。

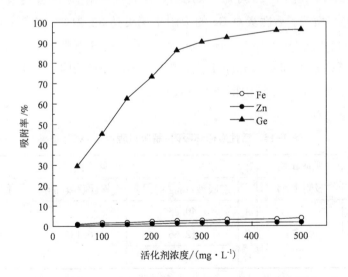

图 7-22　活化剂浓度对溶液中 Fe、Zn、Ge 吸附率的影响

7.3.8 Ge 脱附与活性炭循环

本阶段目标是以酸或碱为解吸剂,在不破坏吸附剂结构的前提下,尽可能将负载在活性炭上的 Ge 进行解吸,以获得含高浓度 Ge 的解吸后液。由于采用 NaOH 溶液为解吸剂会破坏吸附剂结构,而采用 HCl 为解吸剂会将 Cl^- 引入硫酸锌溶液,对后续锌电解工艺产生不利影响。为此,本试验采用 H_2SO_4 为解吸剂,考察了循环次数对活性炭寿命及 Ge 富集的影响。

将 250 mg 活化剂与 500 mL 除 Ga 后液混于 1000 mL 烧杯中,反应 30 min 后加入 10 g 活性炭,在吸附温度为 30℃、液固比为 50、吸附时间为 1 h 的条件下进行吸附反应,反应后载锗活性炭经洗涤、干燥后送解吸。解吸条件为:解吸剂为 2 mol/L H_2SO_4、液固比为 10、温度为 50℃、时间为 2 h。为确保 Ge 的解吸效果及提高 Ge 富集率,每次吸附后均采用相同解吸剂解吸载 Ge 活性炭 2 次(操作 A、B),解吸后的活性炭采用纯水洗涤 1 次(操作 C)后送下一次吸附试验。为评价活性炭吸附材料使用寿命、消耗量及经济技术指标,本次试验共进行 8 次循环吸附、解吸试验,其结果如表 7-14 所示。在解吸过程中不断向解吸剂中补加硫酸,以确保解吸剂浓度维持在 2 mol/L。

由表 7-14 和图 7-23 可知,采用活性炭直接吸附 Ge 配合离子工艺,经八次循环吸附-解吸,活性炭对 Ge 的吸附率仍可达 82.21%,且载 Ge 活性炭上 Ge 解吸率仍可达 89.73%。循环吸附、解吸后,A、B 解吸液中 Ge 的浓度分别可达 182.58 mg/L 和 90.15 mg/L。这说明经多次循环吸附、解吸仍具有较好的吸附性能,且锗在解吸液中得到了有效富集。

表 7-14　活性炭循环吸附-解吸过程中 Ge 试验结果

循环次数	吸附试验	解吸试验			
	吸附率/%		解吸液/(mg·L^{-1})	累计解吸/mg	解吸率/%
一次循环	92.74	A	40.85	6.186	96.80
		B	12.66		
		C	0.144		

续表7-14

循环次数	吸附试验 吸附率/%	解吸试验			
			解吸液/(mg·L^{-1})	累计解吸/mg	解吸率/%
二次循环	91.47	A	69.56	12.290	96.58
		B	22.96		
		C	4.568		
三次循环	89.60	A	93.95	18.218	95.74
		B	40.56		
		C	8.656		
四次循环	87.87	A	112.50	23.950	94.40
		B	52.64		
		C	11.439		
五次循环	86.28	A	132.91	29.387	91.19
		B	62.15		
		C	15.657		
六次循环	84.77	A	145.50	34.717	91.01
		B	74.15		
		C	21.657		
七次循环	83.82	A	165.78	39.892	89.34
		B	80.60		
		C	24.79		
八次循环	82.21	A	182.58	44.990	89.73
		B	90.15		
		C	30.79		

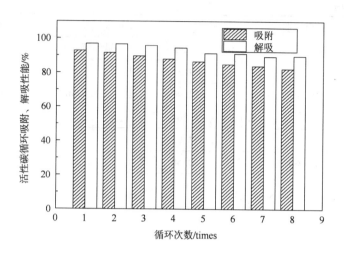

图 7-23　循环次数对活性炭循环吸附、解吸性能的影响

7.4　最优工艺流程

从图 7-24 可知,采用吸附法回收氧压浸出液中的 Ga、Ge,主要包含改性海泡石吸附 Ga、活性炭吸附 Ge 的工序。采用该工艺不仅可实现 Ga、Ge 的选择性分离,还可实现 Ga、Ge 的有效富集。相比于锌粉置换法,该工艺存在流程短、操作简单、环境友好、经济成本低等优点。

7.5　本章小结

(1)海泡石经盐酸改性后,比表面积和孔容明显增大,表面暴露出更多的酸性羟基,有利于 Ga^{3+} 的吸附。盐酸改性海泡石吸附 Ga 的过程属单分子层吸附,采用 Freundlich 和 Langmuir 两种模型拟合,相关系数均大于 0.97。改性海泡石吸附 Ga 的最优条件为:吸附温度为 30℃、液固比为 20、吸附时间为 1 h、吸附溶液 pH 为 3。在最优条件下,Ga 吸附率可达 96.33%,而 Ge 的吸附率在 17.84%,Zn、Fe、Cu 等金属的吸附率均低于 10%。

(2)活性炭经酒石酸改性后,成功地嫁接了羧基。改性活性炭吸附 Ge

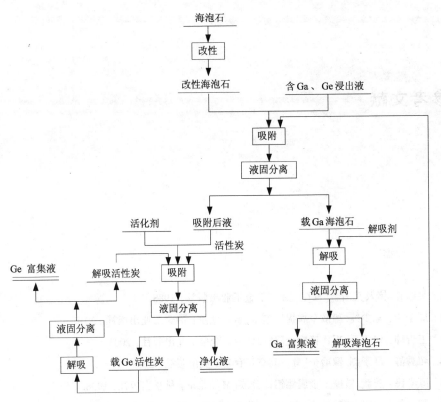

图 7-24　吸附法回收氧压浸出液中 Ga、Ge 工艺流程

的过程属于单分子层吸附，采用 Freundlich 和 Langmuir 两种模型拟合，相关系数均大于 0.97。改性活性炭吸附 Ge 的最优条件为：活化剂浓度为 6 g/L、吸附温度为 30℃、液固比为 20、吸附时间为 1 h、溶液 pH 为 3。在最优条件下，Ge 吸附率可达 96.33%，活性炭对 Zn、Fe 吸附率分别为 3.00%、6.82%，可实现溶液中 Ge 与 Zn、Fe、Cu 等金属的分离。鉴于改性活性炭上的酒石酸主要损失在吸附后液中，采取了直接向溶液中加入酒石酸，再加入活性炭吸附溶液中 Ge 配合离子的作业方式，可明显降低活化剂用量，将最佳活化剂用量由 6 g/L 降低到 0.5 g/L。在最优条件下，Ge 的吸附率为 96.26%，而 Fe、Zn 的吸附率最高仅为 3.89%、1.80%。经 8 次循环吸附、解吸，活性炭仍具有较好的吸附性能。

参考文献

[1] 吴绪礼.锗及其冶金[M].北京:冶金工业出版社,1988.

[2] 周令治,陈少纯.稀散金属提取冶金[M].北京:冶金工业出版社,2010.

[3] 王吉坤,何蔼平.现代锗冶金[M].北京:冶金工业出版社,2005.

[4] 翟秀静,吕子剑.镓冶金[M].北京:冶金工业出版社,2010.

[5] 顾学民,龚毅.铍碱土金属硼铝镓分族[M].北京:科学出版社,1998.

[6] 郝润蓉,方锡义.碳硅锗分族[M].北京:科学出版社,1998.

[7] 陈立颖.六方晶型二氧化锗溶解性研究[J].聚酯工业,1996(3):36-39.

[8] Moskalyk R R. Review of germanium processing worldwide[J]. Minerals Engineering, 2004, 17:393-402.

[9] Rosenberg E, Van Hullebusch E. Germanium:environmental occurrence, importance and speciation[J]. Rev Environ Sci Biotechnol, 2009, 8:29-57.

[10] U. S. Geological Survey, 2017, Mineral commodity summaries 2017: U. S. Geological Survey, 202 p, https://doi. org/10. 3133/70180197.

[11] 陆挺,刘璇,张艳飞.基于产业链分析的中国铟锗镓产业发展战略研究[J].资源科学, 2015, 37(5):1008-1017.

[12] Jaskula B W. 2012 Minerals Yearbook(Gallium [Advance Re-lease])[EB/OL]. [2015-03-10]. http://minerals. usgs. gov/minerals/pubs/commodity/gallium/myb1-2012-galli. pdf.

[13] 张洪川,王家鹏,王建国.2016—2018年全球锗资源供需预测[J].资源与产业,2016,

18(4)：92-97.

[14] 中国信息产业年鉴编委会. 2013 中国信息产业年鉴[M]. 北京：电子工业出版社, 2013.

[15] 李长江. 中国金属镓生产现状及前景展望[J]. 轻金属, 2013(8)：9-11.

[16] 尹书刚, 陈后兴, 罗仙平. 镓的资源、用途与分离提取技术研究现状[J]. 四川有色金属, 2006(2)：24-27.

[17] 李向娜, 黄翀, 李颖. 全球锗资源供需格局分析[J]. 中国矿业, 2016, 25(s1).

[18] Fujiwara M, Hirao T, Kawada M, et al. Development of a gallium-doped germanium far-infrared photoconductor direct hybrid two-dimensional array[J]. Applied Optics, 2003, 42(12)：2166-2173.

[19] Schimmel R C, Faber A J, De W H, et al. Development of germanium gallium sulphide glass fibres for the 1.31 μm praseodymium-doped fibre amplifier[J]. Journal of Non-crystalline Solids, 2001, 284(1)：188-192.

[20] Riordan M, Hoddeson L, Herring C. The invention of the transistor[J]. Rev Mod Phys, 1999, 71：336-345.

[21] Thiele U K. The Current Status of Catalysis and Catalyst Development for the Industrial Process of Poly(ethylene terephthalate) Polycondensation[J]. IntJ PolymMater, 2001, 50：387-394.

[22] Tyszczuk K, Korolczuk M, Grabarczyk M. Application of gallium film electrode for elimination of copperinterference in anodic stripping voltammetry of zinc[J]. Talanta, 2007, 71(5)：2098-2101.

[23] Dumas E J, Raudorf T W, Underwood T A. Advances in germanium detector technology[J]. Nuclear Instruments & Methods in Physics Research, 2003, 505：183-186.

[24] Das N C, Monroy C, Jhabvala M. Germanium junction field effect transistor for cryogenic applications[J]. Solid-State Electronics, 2000, 44(6)：937-940.

[25] Depuydt B, Theuwis A, Romandic I. Germanium：From the first application of Czochralskicrystal growth to large diameter dislocation-free wafers[J]. Materials Science in Semiconductor Processing, 2006, 9：437-443.

[26] 李钟模. 锗与人体健康[J]. 化工之友, 2000(4)：14.

[27] 尹书刚, 陈后兴, 罗仙平. 镓的资源、用途与分离提取技术研究现状[J]. 四川有色金属, 2006(2)：24-27.

[28] 章明, 顾雪祥, 付绍洪, 等. 锗的地球化学性质与锗矿床[J]. 矿物岩石地球化学通报, 2003, 22(1)：82-87.

[29] 刘盛祥.银山铜铅锌多金属矿田镉、镓、铟、铋工艺矿物学研究[J].湖南有色金属, 2000, 16(6): 13-15.

[30] Belissont R, Boiron M C, Luais B, et al. LA-ICP-MS analyses of minor and trace elements and bulk Ge isotopes in zoned Ge-rich sphalerites from themNoailhac – Saint-Salvy deposit (France): insights into incorporation mechanisms and ore deposition processes [J]. Geochim. Cosmochim. Acta, 2014, 126: 518-540.

[31] Ye L, Cook N J, Ciobanu C L, et al. Trace and minor elements in sphalerite from base metal deposits in South China: a LA-ICPMS study[J]. Ore Geol. Rev. 2011, 39: 188-217.

[32] Palero-Fernández F J, Martín-Izard A. Trace element contents in galena and sphalerite from ore deposits of the Alcudia Valley mineral field(Eastern Sierra Morena, Spain). J. Geochem. Explor, 2005, 86: 1-25.

[33] Cook N J, Ciobanu C L, Pring A, et al. Trace and minor elements in sphalerite: a LA-ICPMS study. Geochim. Cosmochim. Acta, 2009, 73: 4761-4791.

[34] Cook N J, Etschmann B, Ciobanu C L, et al. Distribution and substitution mechanism of Ge in Ge – (Fe)-bearing sphalerite. Minerals, 2015, 5: 117-132.

[35] Belissont R, Boiron M C, Luais B, et al. Germanium distribution and isotopic study in sulphides from MVT-related and VMS-remobilised ore deposits[C]. In: André-Mayer, A. – S, et al. (Eds.), 2015: 683-686.

[36] Brewer F M, Cox J D, Morris D F C. The occurrence of germanium in blende[J]. Geochim. Cosmochim. Acta, 1955, 8: 131-136.

[37] Guberman D E. Germanium [R]. U. S. Geological Survey Mineral Commodity Summaries, 2015

[38] Morris D F C, Brewer F M. The occurrence of gallium in blende[J]. Geochim. Cosmochim. Acta, 1954, 5, 134-141.

[39] Papish J, Brewer F M, Holt D A. Germanium X X V. Arc spectrographic detectionand estimation of germanium. Occurrence of germanium in certain tin minerals. Enargite as a possible source of germanium[J]. J. Am. Chem. Soc, 1927, 49, 3028-3033.

[40] 申正伟, 蔡书慧, 赵靖文.我国锗资源开发利用现状及可持续发展对策[J].矿业研究与开发, 2015(35): 108-112.

[41] 敖卫华, 黄文辉, 马延英, 等.中国煤中锗资源特征及利用现状[J].资源与产业, 2007, 9(5): 16-18.

[42] 王玲.褐煤中提取锗的工艺研究[D].唐山: 华北理工大学, 2004.

[43] 胡瑞忠, 毕献武, 苏文超.对煤中锗矿化若干问题的思考——以临沧锗矿为例[J].矿

物学报, 1997(4): 364-368.

[44] Bernstein L R, Waychunas G A. Germanium crystal chemistry in hematite and goethite from the Apex Mine, Utah, and some new data on germanium in aqueous solution and in stottite [J]. Geochimica Et Cosmochimica Acta, 1987, 51(3): 623-630.

[45] Christopher Siebert, Andy Ross, James McManus. Germanium isotope measurements of high temperature geothermal fluids using double-spike hydride generation MC-ICP-MS [J]. Geochimica Et Cosmochimica Acta, 2006, 70(15): 3986-3995.

[46] Li J, Zhuang X, Querol X. Trace element affinities in two high-Ge coals from China[J]. Fuel, 2011, 90(1): 240-247.

[47] Hu R Z, Qi H W, Zhou M F, et al. Geological and geochemical constraints on the origin of the giant Lincang coal seam-hosted germanium deposit, Yunnan, SW China: A review[J]. Ore Geology Reviews, 2007, 36(1-3): 221-234.

[48] Holl R, Kling M, Schroll E. Metallogenesis of germanium-A review [J]. Ore Geology Reviews, 2007, 30(3): 145-180.

[49] Moskalyk R R. Review of germanium processing worldwide[J]. Minerals Engineering, 2004, 17(3): 393-402.

[50] Menendez F J, Menendez F M, De L C, et al. Process for the recovery of germanium from solutions that contain it: CA, US4886648[P]. 1989.

[51] Torralvo F A, Fernández-Pereira C. Recovery of germanium from real fly ash leachates by ion-exchange extraction[J]. Minerals Engineering, 2011, 24(1): 35-41.

[52] 成都地质学院. 矿床学[M]. 成都: 成都地质学院, 1973.

[53] Pierrot R M, Cesbron F P. Chemical and determinative tables of mineralogy: Silicate. New York: Masson Publishing USA, Inc. 1979.

[54] 邓卫, 刘侦德, 阳海燕, 等. 凡口铅锌矿锗和镓资源与回收[J]. 有色金属, 2002, 54(1): 54-57.

[55] Dutrizac J E, Chen T T, Longton R J. The mineralogical deportment of germanium in the Clarksville Electrolytic Zinc Plant of Savage Zinc Inc [J]. Metallurgical and Meterials Transactions B, 1996, 27B: 567-576.

[56] 邓卫, 刘侦德, 伍敬峰. 凡口铅锌矿稀散金属的选矿研究与综合评述[J]. 有色金属, 2000, 52(4): 45-48.

[57] 邹艳梅, 王少龙, 张玉林. 云南省锗资源现状及开发利用对策研究[J]. 材料导报, 2006, 20(11): 87-91.

[58] 彭容秋. 重金属冶金学[M]. 长沙: 中南大学出版社, 2004.

［59］梅光贵，王得顺，周敬元，等.湿法炼锌学［M］.长沙：中南大学出版社，2001.

［60］周述勇.锌精矿沸腾炉富氧焙烧工业试验的研究［J］.湖南有色金属，2007，23（2）：33-36.

［61］王正民，王书民，张静，等.湿法炼锌中影响中性浸出矿浆沉淀的因素［J］.商洛师范专科学校学报，1999，4：70-74.

［62］He J，Tang M T，Lu J L，et al. Concentrating Ge in zinc hydrometallurgical process with hot acid leaching-halotrichite method［J］. Cent. Southuniv. Technol，2003，10(4)：307-312.

［63］Liang D Q，Wang J K，Wang Y H. Difference in dissolution between germanium and zinc during the oxidative pressure leaching of sphalerite［J］. Hydrometallurgy，2009，95（1）：5-7.

［64］章燕萍.锌高温焙砂热酸浸出-锌精矿还原-针铁矿法沉铁的湿法炼锌工艺研究［J］.湖南有色金属，1990，6(5)：38-42.

［65］于淑秋.黄钾铁矾法除铁新发展［J］.有色金属(冶炼部分)，1987，4：44-46.

［66］邓永贵，陈启元，尹周澜，等.锌浸出液针铁矿法除铁［J］.有色金属，2010，62（3）：84-88.

［67］Paul K. Recovery of zinc from zinc sulphides by direct pressure leaching. U. S.：3867268［P］，1975-2-18.

［68］Jankola W A. Zinc pressure leaching at Cominco［J］. Hydrometallurgy，1995，39（1）：63-70.

［69］Ozberk E，Makwana M，Masters I M，et al. Zinc pressure leaching at the Ruhr-Zink refinery［J］. Hydrometallurgy，1995，39(1)：53-61.

［70］Krysa B D. Zinc pressure leaching at HBMS［J］. Hydrometallurgy，1995，39(1)：71-77.

［71］Collins M T，Mcconaghy E J，Stauffer R F，et al. Starting up the sherritt zinc pressure leach process at Hudson Bay［J］. Journal of Metals，1994，46(4)：51-58.

［72］Ozberk E，Jankola W A，Vecchiarelli M，et al. Commercial operations of the Sherritt zinc pressure leach process［J］. Hydrometallurgy，1995，39(1-3)：49-52.

［73］Markus H，Fugleberg S，Valtakari D，et al. Reduction of ferric to ferrous with sphalerite concentrate，kinetic modeling［J］. Hydrometallurgy，2004，73(3-4)：269-282.

［74］Rubisov D H，Papangelakis V G. Model-based analysis of pressure oxidation autoclave behavior during process upsets［J］. Hydrometallurgy，1995，39(1-3)：377-389.

［75］Tromans D. Oxygen solubility modeling in inorganic solutions：concentration，temperature and pressure effects［J］. Hydrometallurgy，1998，50(50)：279-296.

［76］Lampinen M，Larri A，Turunen I. Kinetic model for direct leaching of zinc sulfide concentrates at high slurry and solute concentration [J]. Hydrometallurgy, 2015, 153: 160-169.

[77] Kaskiala T. Determination of oxygen solubility in aqueous sulphuric acid media[J]. Minerals Engineering, 2002, 15(11): 853-857.

[78] Tong L, Dreisinger D. The adsorption of sulfur dispersing agents on sulfur and nickel sulfide concentrate surfaces[J]. Minerals Engineering, 2009, 22(5): 445-450.

[79] Tong L, Dreisinger D. Interfacial properties of liquid sulfur in the pressure leaching of nickel concentrate[J]. Minerals Engineering, 2009, 22(5): 456-461.

[80] Owusu G, Dreisinger D B, Peters E. Effect of surfactants on zinc and iron dissolutionrates during oxidative leaching of sphalerite[J]. Hydrometallurgy, 1995, 38(3): 15-324.

[81] Rubisov D H, Papangelakis V G. Sulphuric acid pressure leaching of laterites – a comprehensive model of a continuous autoclave [J]. Hydrometallurgy, 2000, 58 (2): 89-101.

[82] Halfyard J E, Hawboldt K. Separation of elemental sulfur from hydrometallurgical residue: A review[J]. Hydrometallurgy, 2011, 109(1-2): 80-89.

[83] Brown J A, Papangelakis V G. Interfacial studies of liquid sulphur during aqueous pressure oxidation of nickel sulphide[J]. Minerals Engineering, 2005, 18(15): 1378-1385.

[84] Peters E. Direct Leaching of Sulfides: Chemistry and Applications [J]. Metallurgical Transactions B, 1976, 7(7): 506-517.

[85] Lahtinen M, Svens K, Haakana T, et al. Zinc plant expansion by outotec direct leaching process[C]//47th Annual Conference of Metallurgists of CIM, Winnipeg, Manitoba Canada, Zinc and Lead Metallurgy. 2008: 167-178.

[86] 王吉坤, 周廷熙.高铁硫化锌精矿加压浸出研究及产业化[J].有色金属(冶炼部分), 2006(2): 24-26.

[87] Bolorunduro S A, Dreisinger D B, Weert G V. Fundamental study of silver deportment during the pressure oxidation of sulphide ores and concentrates [J]. Minerals and Engineering, 2003, 16(8): 695-708.

[88] Li C X, Wei C, Xu H S, et al. Kinetics of indium dissolution from sphalerite concentrate in pressure acid leaching[J]. Hydrometallurgy, 2010, 105(1-2): 172-175.

[89] 邓卫, 刘侦德, 阳海燕, 等.凡口铅锌矿锗和镓资源与回收[J].有色金属, 2002, 54 (1): 54-57.

[90] 伍敬峰, 刘侦德, 邓卫.凡口铅锌矿选矿过程中锗、镓行为走向探讨[J].矿冶研究与开发, 2001, 21(2): 35-37.

[91] 傅贻谟.凡口铅锌矿选矿厂生产流程的工艺矿物学评价[J].矿冶工程,2002,11(4):31-38.

[92] 刘侦德,谢雪飞,伍敬峰,等.凡口铅锌矿稀散金属选矿回收实践[J].有色金属(矿冶部分),2002,9:9-11.

[93] 王李娟.凡口锌精矿加压浸出新工艺研究[J].矿产保护与利用.2006(4):42-44.

[94] 左小红.硫化锌精矿两段逆流氧压浸出原理及综合回收镓锗工艺研究[J].湖南有色金属,2009,25(1):26-28.

[95] 杨征.高海拔下锌的高浸出率-谢里特为中国西部矿业公司进行的锌氧压浸出研究[J].中国有色冶金,2009(3):16-21.

[96] 王志法,彭志辉.氧化锌矿火法炼锌的工艺特点[J].吉首大学学报(自然科学版),1992,13(6):116-118.

[97] 郭天立,高良宾.当代竖罐炼锌技术述评[J].中国有色冶金,2007,36(1):5-6.

[98] 李时晨.电炉炼锌[J].云锡科技,1995,22(3):23-31.

[99] 王华,田海军.密闭鼓风炉炼锌工艺实践[J].有色冶金设计与研究,2009,30(5):24-26.

[100] 周令治,陈少纯.氧化-还原沸腾焙烧锌精矿新工艺-稀散金属与锌的综合回收.有色金属(冶炼),1989(6):17-24.

[101] Zhou T T, Zhong X, Zhong L G. Recovering In, Ga and Ge from zinc residues[J]. JOM,1987(7):36-39.

[102] Hoffmann J E. Advances in extractive metallurgy of selected rare and precious metals[J]. JOM, 1991(4):18-23.

[103] 毅琦,童雄,周庆华,等.我国伴生稀散金属锗镓的选矿回收研究概况[J].中国工程科学,2005,7(增刊):161-165.

[104] Chaves A P, Abrao A, Avritscher W. Gallium Recovery as a By-product of Bauxites[J]. Light Metals, 2000(7):891-896.

[105] 黄柱成,蔡江松,杨永斌,等.浸锌渣中有价元素的综合利用[J].矿产综合利用,2002(3):46-48.

[106] 文剑.浸锌渣综合利用研究[D].长沙:中南大学,2004.

[107] 尹朝晖.从丹霞冶炼厂锌浸出渣中综合回收镓和锗[J].有色金属,2009,61(4):94-97.

[108] 魏威,陈海清,陈启元,等.湿法炼锌浸出渣处理技术现状.湖南有色金属,2012,28(6):36-39.

[109] 龙来寿.从锌冶炼工业废渣中综合回收镓、铟、锗的研究[D].长沙:中南大学,2004.

[110] Wardell M P, Davidson C F. Acid leaching extraction of Ga and Ge[J]. Journal of Metals, 1987, 39(6): 49-41.

[111] Harbuck D D. Gallium and germanium recovery from domestic sources[R]. U. S. Bureau of Mines Report, U. S. Government Printing Office, Washington, DC, 1992.

[112] Harbuck D D. Increasing germanium extraction from hydrometallurgical zinc residues[J]. Minerals and Metallurgical Processing, 1993, 10(1): 1-4.

[113] Harbuck, D D, Morrison J W, Davidson C F. Optimization of gallium and germanium extraction from hydrometallurgical zinc residue[J]. Light Metals, 1989(5): 984-989.

[114] Judd J C, Wardell M P. Extraction of gallium and germanium from domestic resources[J]. 1988(5): 857-862

[115] Torma A E. Method of extracting gallium and germanium [J]. Mineral processing and extractive metallurgy review, 1991, 7(3): 235-258.

[116] Lee H Y, Kim S G, Oh J K. Process for recovery of gallium and germanium from zinc residues, Transactions of the institution of mining and metallurgy, 1994, 103(4): 76-79.

[117] Fayram T S, Anderson C G. The development and implementation of industrial hydrometallurgical gallium and germanium recovery [J]. The journal of southern African institute of Mining and Metallurgy, 2008, 108: 261-270.

[118] 李光辉, 黄柱成, 郑宇峰, 等. 从湿法炼锌渣中回收镓和锗的研究-浸锌渣的还原分选[J]. 金属矿山, 2004(6): 61-64.

[119] 李光辉, 董海刚, 黄柱成, 等. 从湿法炼锌渣中回收镓和锗的研究-锈蚀法从铁粉提取镓和锗[J]. 2004, 8: 69-72.

[120] 蔡江松, 杨永斌, 张亚平, 等. 从浸锌渣中回收镓和锗的研究及实践[J]. 矿产保护与利用, 2002(5): 34-37.

[121] 王继民, 曹洪杨, 陈少纯, 等. 氧压酸浸炼锌流程中置换渣提取锗镓铟[J]. 稀有金属, 2014, 38(3): 470-479.

[122] 刘付朋, 刘志宏, 李玉虎, 等. 锌粉置换渣高压酸浸的浸出机理[J]. 中国有色金属学报, 2014(4): 1091-1098.

[123] 张魁芳, 曹佐英, 肖连生, 等. 采用 HBL121 从锌置换渣高浓度硫酸浸出液中萃取回收镓[J]. 中国有色金属学报, 2014(9): 2401-2409.

[124] 张魁芳, 曹佐英, 肖连生, 等. HB101 从高浓度硫酸溶液中萃取锗的研究[J]. 稀有金属与硬质合金, 2014, 42(3): 7-11.

[125] 程亮, 李一明, 马爱军, 等. 从硬锌中真空蒸馏回收锌铟[J]. 有色金属(冶炼部分), 2014(7): 8-10.

[126] 杨斌, 戴永年, 罗文洲, 等.真空蒸馏硬锌综合回收有价金属[J].昆明理工大学学报, 1998, 23(3): 1-4.

[127] 郭秋松, 吴浩.降低硬锌真空炉电单耗的生产实践[J].广东有色金属学报, 2006, 16(2): 88-91

[128] 袁训华, 何明奕, 王胜民, 等.热镀锌渣的形成原因及回收工艺[J].云南冶金, 2007, 36(1): 32-35

[129] 曹秀红.硬锌的来源及综合回收有价金属[J].资源再生, 2012, 2: 60-61.

[130] 李椒兰, 刘永成, 翟大成, 等.硬锌真空蒸馏富集锗、铟的研究[J].昆明理工大学学报, 1994, 19(4): 38-45.

[131] 林兴铭.真空炉渣综合回收锗铟银等金属的碱熔法试验研究[J].有色矿冶, 2004, 20(3): 33-37.

[132] 李琛.韶冶密闭鼓风炉熔炼过程中锗铟的富集与综合回收[D].长沙: 中南大学, 2004.

[133] 郑顺德.硬锌处理新工艺的研究[J].有色金属(冶炼部分), 1996(5): 14-16.

[134] 蓝宗营.从真空炉渣中综合回收锗、铟、银[J].有色金属(冶炼部分), 2003(5): 33-34.

[135] 李琛, 韩翌, 黄凯, 等.韶冶真空炉富锗渣回收锗研究[J].矿业工程, 2003, 23(6): 50-52.

[136] 何静, 王小能, 刘明海, 等.含锗真空炉渣在 $HCl-CaCl_2-H_2O$ 体系中浸出锗的动力学研究[J].稀有金属材料与工程, 2013, 42(6): 1268-1262.

[137] 郭文倩.超声强化浸出含锗渣中锗的试验研究[D].昆明: 昆明理工大学, 2016.

[138] 苏飞.从真空炉渣中综合回收有价金属的试验研究[J].中国有色冶金, 2011(8): 50-52.

[139] 曹洪杨, 王继民, 李俊红, 等.韶冶真空炉锗渣氧压浸出液中锗的分离与富集[J].材料研究与应用, 2014, 8(1): 52-56.

[140] 李裕后.从韶冶 ISP 炉渣中富集和提取镓的工艺研究[D].长沙: 中南大学, 2004.

[141] 李静, 牛皓, 彭金辉, 等.锌窑渣综合回收利用研究现状及展望[J].矿产综合利用, 2008(6): 44-47.

[142] 黄柱成, 郭宇峰, 杨永斌, 等.浸锌渣回转窑烟化法及镓的富集回收[J].中国资源综合利用, 2002(6): 13-15.

[143] 陈学刚, 曲洪涛, 陈霞.含锗高铅氧化锌烟尘多膛炉脱氟氯设计与实践[J].中国有色冶金, 2015(2): 11-15.

[144] 杨永强, 王成彦, 杨玮娇, 等.锌烟灰焙砂浸出铟、锗、锌的研究[J].有色金属(冶炼

部分), 2014(7): 11-14.

[145] 林文军.从烟道灰中综合回收锗铟的研究[D].昆明: 昆明理工大学, 2006.

[146] 付一鸣, 顾立民, 王德全.铅烟化炉氧化锌烟尘选择性氯化焙烧脱氟氯的研究[J].有色矿冶, 1998(3): 22-25.

[147] 范兴祥, 汪云华, 吴跃东, 等.还原挥发氧化锌烟尘中有价金属分离工艺研究[J].无机盐工业, 2011, 43(11): 49-50.

[148] 周令治, 田润苍, 邹家炎.全萃法从锌浸出渣中回收铟、锗、镓的研究[J].稀有金属, 1981(6): 11-18.

[149] 梁杰, 郑东升, 韦丽萍.锗烟尘中氧化锌浸出过程动力学研究[J].贵州工业大学学报(自然科学版), 2004, 33(4): 43-46.

[150] 梁杰, 胡福田, 郑东升, 等.锗烟尘 Ge-Zn 分离新工艺研究[J].中国稀土学报, 2003, 21(12): 171-174.

[151] 张元福, 陈家蓉, 黄光裕, 等.含锗氧化锌烟尘的流态化浸出研究[J].稀有金属, 1999(2): 90-94.

[152] 张元福, 陈家蓉.贵州含锗氧化铅锌矿资源的开发状况及前景[J].有色冶炼, 1997, 3: 17-21.

[153] 肖靖泉, 朱国才.锌冶炼烟尘中锗的富集及锌的回收[J].金属矿山, 2004(5): 60-63.

[154] 王万坤.微波焙烧含锗氧化锌烟尘回收锗的研究[D].昆明: 昆明理工大学, 2013.

[155] Deshepper A. Liquid – Liquid extraction of Germanium with oxen derivatives [J]. Hydrometullurgy, 1980(5): 149-160.

[156] Darbuck, Jndd, Behunin. Germanium solvent extraction from sulfuric acid solutions[J]. Solvent Extraction and Ion exchange, 1991, 9(3): 383-401.

[157] 田润仓.从硫酸介质中协同萃取锗和镓的研究[J].广东有色金属学报, 1991, 1(1): 20-25.

[158] 易飞鸿, 奚长生.国内外稀散元素镓铟锗的提取技术[J].广东化工, 2003(2): 61-64.

[159] Harbuck D D. Increasing germanium extraction from hydrometallurgicalzinc residues[J]. Mineral&Metallurgical process, 1993, 10(1): 1-4.

[160] 张秀英, 尹国寅, 汤俊明.新型萃取剂 CA-12 萃取镓(Ⅲ)的研究[J].稀有金属, 2002, 26(1): 65-68.

[161] Marchon B, Cote G, Bauer D. Some typical behaviours of the β – dodecenyl 8 – hydroxyquinoline through its reactions with germanium (Ⅳ)[J]. J. Inorg. Nucl. Chem, 1979, 41(9): 1353-1363.

[162] Schepper A D. Liquid – liquid extraction of germanium by LIX 63[J]. Hydrometullurgy,

1976 1(3): 291-298.

[163] Barnard K R, Urbani M D. The effect of organic acids on LIX ©️ 63 stability under harsh strip conditions and isolation of a diketone degradation product. Hydrometallurgy, 2007, 89: 40-51.

[164] Schepper A D, Coussement M, Peteghem A V. Process for Separating Germanium From an Aqueous Solution by Means of an Alphahydroxyoxime. U. S. 4432952 A [P], 1984-2-21.

[165] Barnard K R, Turner N L. LIX ©️ 63 stability in the presence of Versatic 10 under proposed commercial extract and strip conditions, part Ⅱ: oxime isomer interconversion andthe effectof oxime degradation products on selected physical properties [J]. Hydrometallurgy, 2008, 91: 11-19.

[166] Boateng D A D, Neudorf D A, Saleh V N. Recovery of Germanium From Aqueous Solutions by Solvent Extraction. U. S. 4915919 A[P], 1990.

[167] Nusena S, Zhu Z W, Chairuangsri T, et al. Recovery of germanium from synthetic leach solution of zinc refinery residues by synergistic solvent extraction using LIX 63 and Ionquest 801[J]. Hydrometallurgy, 2015, 151: 122-132.

[168] Nusen S, Zhu Z W, Chairuangsri T, et al. Recovery of indium and gallium from synthetic leach solution of zinc refinery residues using synergistic solvent extraction with LIX 63 and Versatic 10 acid[J]. Hydrometallurgy, 2016, 160: 137-146.

[169] Ma X H, Qin W Q, Wu X L. Extraction of germanium(Ⅳ)from acid leaching solution with mixtures of P204 and TBP [J]. Journal of Central South University, 2013, 20 (7): 1978-1984.

[170] Tian R C, Zou J Y, Zhou L Z. New technology for indium, germanium and gallium recovery in an electrolytic zinc plant. Mineral Processing and Extractive Metallurgy[C]. Presented at the International Conference Mineral Processing and Extractive Metallurgy. Institution of Mining and Metallurgy, Kunming, Yunnan Province, People's Republic of China, 1984, 615-624.

[171] 王海北, 林江顺, 王春, 等. 新型镓锗萃取剂 G315 的应用研究[J]. 广东有色金属学报, 2005, 15(1): 8-11.

[172] Zhou T, Zhong X, Zheng L. RecoveringIn, Ge and Ga from zincresidues[J]. JOM J. Miner. Met. Mater. Soc, 1989, 41: 36-40.

[173] 陈世明, 李学全, 黄华堂, 等. 从硫酸锌溶液中萃取提锗[J]. 云南冶金, 2002, 31(3): 101-104.

[174] Liang J, Fan L J, Xu K, et al. Study on extracting of Germanium with Trioctylamine[J].

Energy Procedia, 2002, 17：1965-1973.

[175] Lee M, Ahn J, Lee E. Solvent extraction separation of indium and gallium from sulphate solutions using D2EHPA[J]. Hydrometallurgy, 2002, 63：269-276.

[176] Tang S, Zhou C, Jiang X, et al. Extraction separation of germanium with hydroxamic acid HGS98[J]. J. Cent. South Univ. Technol, 2000, 7：40-42.

[177] Puvvada G V K. Liquid – liquid extraction of gallium from Bayer process liquor using Kelex 100 in the presence of surfactants[J]. Hydrometallurgy, 1999, 52：9-19.

[178] Morio Nakayama, Hiroaki Egawa. Recovery of Gallium(Ⅲ)from Strongly Alkaline Media Using a Kelex-100-Loaded Ion-Exchange Resin[J]. Ind. Eng. Chem. Res, 1997, 36 (10)：4365-4

[179] Harbuck D D, Judd J C, Behunin D V. Germanium solvent extraction from sulfuric acid solutions(and co-extration of germanium and gallium)[J]. Solvent extraction and ion exchange, 1991, 9(3)：383-401.

[180] Vliegen J H, Haesebroek G G, Schepper A J D. Process for Recovering Germanium. U. S. 5277882 A[P], 1994.

[181] Judd J C, Harbuck D D. Gallium solvent extraction from sulfuric acid solutions using OPAP [J]. Sep. Sci. Technol, 1990, 25：1641-1653.

[182] Iyer J N, Dhadke P M. Liquid – liquid extraction and separation of gallium(Ⅲ), indium (Ⅲ), and thallium(Ⅲ)by Cyanex-925[J]. Sep. Sci. Technol, 2001(36)：2773-2784.

[183] 张魁芳. 从高浓度硫酸溶液中萃取回收镓、锗的研究[D]. 长沙：中南大学, 2014.

[184] 李青刚, 许亮, 齐兆树, 等. 采用 HBL101 萃取石煤高酸浸出液中钒[J]. 中国有色金属学报, 2013, 23(4)：1103-1108.

[185] 顾忠茂. 液膜法研究进展[J]. 膜科学与技术, 2003, 23(4)：214-221.

[186] 石太宏, 汤兵, 张秀娟. 液膜法从湿法炼锌系统中提取镓的研究[J]. 稀有金属, 1998, 22(1)：1-4.

[187] 石太宏, 王松平, 张秀娟. 乳状液膜法自湿法炼锌系统中分离回收镓的研究进展[J]. 稀有金属, 1998, 22(5)：385-388.

[188] 石太宏, 王向德. P204 与 C5-7 羟肟酸液膜体系自湿法冶锌系统中同步迁移分别回收镓和锗[J]. 膜科学与技术, 1999(4)：34-38.

[189] 陈树钟, 张秀娟. 液膜法提取锗的研究[J]. 稀有金属, 1991(2)：107-110.

[190] Kumbasar R A, Tutkun O. Selective Separation of Gallium from Acidic Leach Solutions by Emulsion Liquid Membranes[J]. Separation Science and Technology, 2006, 41(12)：2825-2847.

[191] Kumbasar R A, Tutkun O. Separation and concentration of gallium from acidic leach solutions containing various metal ions by emulsion type of liquid membranes using TOPO as mobile carrier[J]. Hydrometallurgy, 2004(75): 111-121.

[192] Tutkun O, Demircan N, Kumbasar R A. Extraction of germanium from acidic leach solutions by liquid membrane technique[J]. Clean Products and Processes, 1999(1): 148-153.

[193] 邱光文.含锗氧化锌烟尘综合回收锗锌工艺[J].云南冶金, 2000(3): 17-21.

[194] 王敦林, 向前礼, 张平华.用混合丹宁沉锗[J].林产化学与工业, 1983(3): 23-31.

[195] 浦绍俊, 杨岱西.丹宁酸对锌电解电流效率的影响[J].有色金属(冶炼部分), 2004(1): 6-19.

[196] 王瑞山, 顾利坤.沉锗单宁酸消耗倍数影响因素的试验研究[J].云南冶金, 2006, 45(5): 41-44.

[197] 徐浩, 秦清, 钱星, 等.单宁锗沉淀中单宁的回收及再利用的研究[J].林产化学与工业, 2012, 32(5): 93-96.

[198] 秦清, 仲崇茂, 徐浩, 等.塔拉单宁提取和精制工艺对络合沉锗率影响[J].林产化学与工业, 2012, 32(2): 79-82.

[199] 和渝森.锌金属冶炼烟尘中锗的富集与回收[J]. 2013(4): 105-107.

[200] 潘方杰, 刘中清.湿法炼锌工艺流程中富集锗的工业实践[J].矿冶工程, 2004(4): 47-49.

[201] 刘中清.四川会东铅锌矿锌焙砂湿法冶炼过程中银和锗的富集与回收[D].长沙: 中南大学, 2000.

[202] 王乾坤, 马荣骏.热酸浸出—铁矾法除铁湿法炼锌工艺中锗的回收[J].湿法冶金, 1993(2): 20-27.

[203] 潘方杰.湿法炼锌工艺流程中富集锗的工艺实践[J].矿冶工程, 2004, 24(4): 47-49.

[204] Pokrovsky O S, Pokrovski G S. Experimental study of germanium adsorption on goethite and germanium co-precipitation with iron hydroxide: X-ray adsorption fine structure and macroscopiccharacterization[J]. Geoch-imica et Cromochimica Acta, 2006, 70(13): 3325-3341.

[205] 刘三平, 王海北, 蒋开喜, 等.含锌铁钒渣的回收利用[J].矿冶工程, 2009, 18(1): 23-28.

[206] 蒋应平, 赵磊, 王海北, 等.从高压浸出镓锗液中富集镓锗的研究[J].中国资源综合利用, 2012, 30(6): 25-27.

[207] 周兆安.铁粉还原法富集锗的试验[D].长沙: 中南大学, 2012.

[208] Arroyo F, Font O, Fernández-Pereira C, et al. Germanium recovery from gasification fly

ash: Evaluation of end-products obtained by precipitation methods[J]. Journal of Hazardous Materials, 2009, 167(1): 582-588.

[209] 韦英, 辜敏. 吸附理论的研究进展及其在吸附分离中的应用[J]. 广州化学, 2003, 28 (4): 59-62.

[210] 杨晓东, 顾安忠. 活性炭吸附的理论研究进展[J]. 炭素, 2004(4): 11-14.

[211] 张帆, 李菁, 谭建华, 等. 吸附法处理重金属废水的研究进[J]. 2013, 32(13): 2749-2753.

[212] 魏娜, 张雁秋, 李秀玲. 饮用水深度净化技术的发展现状和应用趋势[J]. 环境与健康, 2009, 26(7): 652-546.

[213] Ying W C, Zhang W. Improved methods for carbon adsorption studies for water and wastewater treatment[J]. Environmental Progress, 2006, 25(2): 110-120.

[214] Zhang W, Chang Q G, Liu W D, et al. Selecting activated carbon for water and wastewater treatability studies[J]. Environmental Progress, 2007, 26(3): 289-294.

[215] Rout K, Mohapatra M, Anand S. 2-Line ferrihydrite: Synthesis, characterization and its adsorption behaviour for removal of Pb(Ⅱ), Cd(Ⅱ), Cu(Ⅱ) and Zn(Ⅱ) from aqueous solutions[J]. Dalton Transactions, 2012, 41: 3302-3312.

[216] Ge H C, Fan X H. Adsorption of Pb^{2+} and Cd^{2+} onto a novel activated carbon-chitosan complex[J]. Chemistry Engineering Technology, 2011, 34(10): 1745-1752.

[217] Rodriguez-Reinoso F, Linares-Solano A. Microporous structure of activated carbons as revealed by adsorption methods[J]. Chem Phys Carbon, 1988, 21: 1-146.

[218] Cazorla-Amoros D, Alcaniz-Monge J, Linares-Solano A. Characterization of activated carbon fibers by CO_2 adsorption[J]. Langmuir, 1996, 12(11): 2820-2824.

[219] Otake Y, Jenkins R G. Characterization of oxygen-containing surface complexes created on microporous carbon by air and nitric acid treatment[J]. Carbon, 1993, 31(1): 109-21.

[220] Tamon H, Okazaki M. Influence of acidic surface oxides of active carbon on gas adsorption characteristics[J]. Carbon, 1996, 34(6): 741-746.

[221] Vinke P V, Verbree M, Voskamp A F, et al. Modification of the surface of gas-active carbon and a chemically actiated carbon with HNO_3[J]. Carbon, 1994, 32(4): 675-686.

[222] Menendez J A, Phillips J, Xia B, et al. On the modification of chemical surface properties of active carbon: in the search of carbon with stable basic properties[J]. Langmuir, 1996, 12: 4404-4410.

[223] BanA, Schafer A, Wendt H.. Fundamentals of electrosorption on activated carbon for wastewater treatment of industrial effluents[J]. J. App. ELE, 1997, 28: 227-236.

[224] Molina-Sabio M, Rodriguez-Reinoso F, Caturla F, et al. Development of porosity in combined acid-carbon dioxide activation[J]. Carbon, 1996, 34(4): 457-462.

[225] 王鹏, 张海禄. 表面化学改性吸附用活性炭的研究进展[J]. 炭素技术, 2003 (3): 23-27.

[226] 李启隆. 络合吸附体系吸附性的研究[J]. 分析试验室, 1991, 10(1): 55-60.

[227] Pokrovski G S, Martin F, Hazemann J L, et al. An X-ray absorption fine structure spectroscopy study of germanium-organic ligand complexes in aqueous solution[J]. Chem Geol, 2000, 163: 151-65.

[228] Pokrovski G S, Schott J. Experimental study of the complexation of silicon and germanium with aqueous organic species: implications from germanium and silicon transport and Ge/Si ratio in natural waters[J]. Geochim Cosmochim Acta, 1998, 62(21): 3413-3428.

[229] Pokrovski G S, Schott J. Thermodynamic properties of aqueous Ge(Ⅳ) hydroxide complexes from 25 to 350℃: implications for the behaviour of germanium and the Ge/Si ratios in hydrothermal fluids[J]. Geochim Cosmochim Acta, 1998, 62: 1631-42.

[230] 龙来寿, 奚长生, 曾懋华, 等. 络合吸附法提取镓的研究[J]. 韶关学院学报, 2003, 24 (12): 52-55.

[231] Marco-Lozar J P, Cazorla-Amorós D, Linares-Solano A. A new strategy for germanium adsorption on activated carbon by complex formation [J]. Carbon, 2007, 45 (13): 2519-2528.

[232] Marco-Lozar J P, Linares-Solano A, Cazorla-Amorós D. Effect of the porous and surface chemistry of activated carbons on the adsorption of a germanium complex from dilute aqueous solutions[J]. Carbon, 2011, 49: 3325-3331.

[233] 梁凯. 海泡石的矿物学研究与其在环境治理中的应用[D]. 长沙: 中南大学, 2008.

[234] Brigatti M F, Frachini G. Treatment of industrial wastewater using zeg-litite and and sepiolite, natural microporous materials[J]. Canadian Journal of Chemical Engineering, 1999, 77(1): 163-168.

[235] 徐应明, 梁学峰, 孙国红, 等. 海泡石表面化学特性及其对重金属 Pb^{2+} Cd^{2+} Cu^{2+} 吸附机理研究[J]. 农业环境科学学报, 2009, 28(10): 2057-2063.

[236] Garcia S A, Alvare E, Ayuso Z, et al. Sorption of heavy metals from industrial wastewater by low-cost mineral silicate[J]. Clay Minerals, 1999, 349(30): 469-478.

[237] 金胜明, 阳卫军, 唐谟堂. 海泡石的表面改性酸法处理研究[J], 现代化工, 2001, 21 (1): 26-28.

[238] Kara M, Yuzer H, Sabah E, et al. Adsorption of cobalt from aqueous solution onto sepiolite

[J]. Water Research, 2003, 37: 224-232.

[239] Salvador R, Casal B, Yates M, et al. Microwave decomposition of a chlorinated pesticide (Lindane) supported on modified sepiolites [J]. Applied Clay Science, 2002, 22: 103-113.

[240] Gonzalez–Pradas E, Socias–Viciana M, Urena–Amate. Adsorption of chloridazon from aqueous solution on heat and acid treated sepiolites [J]. Water Research, 2005, 8: 382-391.

[241] 梁凯, 王大伟, 龙来寿, 等.改性海泡石回收锌渣酸浸液中镓的试验[J].矿物学报, 2006, 26(3): 277-280.

[242] Ozawa I, Saito K, Sugita K, et al. High–speed recovery of germanium in a convection–aided mode using functional porous hollow–fiber membranes[J]. Journal of Chromatography, 2000, 888: 43-49.

[243] 周虹, 刘健, 吴书凤.泡沫塑料法在高浓度盐酸溶液中吸附回收锗[J].应用化工, 2011, 40(11): 23-25.

[244] 赵慧玲, 刘建.泡塑吸附分离萃取光度法测定粉煤灰中的镓[J].岩矿测试, 2010, 29(4): 465-468.

[245] Torralvo F A, Fernandez–Pereira C. Recovery of germanium from real fly ash leachates by ion–exchange extraction[J]. Minerals Engineering, 2011, 24: 35-41.

[246] Ziegenbaly S, Scheffler E. Ionenaustauscher inEinzeldarstellungen[M]. Berlin: Akademie-Verlag, 1962.

[247] 雷霆, 张玉林, 王少龙.锗的提取方法[M].北京: 冶金工业出版社, 2006.

[248] Annie D, Francois R. Process for recovering indium, germanium and/or gallium using ion exchangers containing phosphonic groups. European: EP0249520A1 [P], 1987-05-25.

[249] Nozoe A, Ohto K, Germanium H. Recovery using Catechol Complexation and Permeation through an Anion–Exchange Membrane[J]. Separation Science and Technology, 2012, 47(1): 62-65.

[250] 朱云, 郭淑仙, 胡汉.树脂 D16 吸附锗的物理化学研究[J].有色金属, 2001(2): 49-51.

[251] 冯峰, 李一凡, 吴俊杰, 等.用柠檬酸解吸剂的试验研究[J].2009, 28(3): 157-158.

[252] Torralvo F, Fernández–Pereira C. Recovery of germanium from real fly ash leachates by ion–exchange extraction[J]. Minerals Engineering, 2011(1): 35-41.

[253] 刘军深, 周保学, 蔡伟民.CL-P204 萃淋树脂吸萃镓的性能和机理[J].离子交换与吸附, 2002(3): 267-271.

[254] 昆明冶金研究所冶金室.用国产阴离子交换树脂提取锗[J].云南冶金,1972(2):37-45.

[255] Nakayama M, Egawa H. Recovery of Gallium(Ⅲ)from Strongly Alkaline Media Using a Kelex-100-Loaded Ion-Exchange Resin[J]. Ind. Eng. Chem. Res, 1997, 36(10): 4365-4368.

[256] 刘建,闫英桃,邵海欣,等.CL-TBP 萃淋树脂吸附分离镓(Ga)研究[J].化学通报,2001(2):119-121.

[257] 赵黛青,王承明.离子交换法对盐酸介质中镓的富集和纯化[J].南京工业大学学报(自然科学版),1987(4):30-39.

[258] Zhang L, Li H M, Liu X, et al. Sorption behavior of germanium(Ⅳ)on titanium dioxide nanoparticles[J]. Russian Journal of Inorganic Chemistry, 2012, 57(4): 622-628.

[259] 张蕾,李红梅,韩光喜,等.纳米 γ-Al2O3 吸附 Ge(Ⅳ)的机理及性能[J].高等学校化学学报,2010(1):135-140.

[260] Zhang L, Li H M, Liu X Y, et al. Separation of trace amounts of Ga and Ge in aqueous solution using nano-particles micro-column[J]. Talanta, 2011, 85(5): 2463-2469.

[261] Caletk R, Kotas P. Separation of germanium from some elements by adsorption on silica gel[J]. Journal of Radioanalytical Chemistry, 1974, 21: 349-353.

[262] Bailey L K. The oxygen pressure leaching of pyrite[D]. Vancouver: University of British Columbia, 1974.

[263] Baldwin S A, Demopoulos G P, Papangelakis V G. Mathematical modeling of the zinc pressure leach process[J]. Metallurgical and Materials Transactions B, 1995, 26(5): 1035-1047.

[264] Hiskey J B, Warren G. Hydrometallurgy: Fundamentals, Technology and Innovation[M]. Society for Mining, Metallurgy & Exploration Inc, 1993.

[265]]Veglio F, Passariello B, Abbruzzese C. Iron removal process for high-purity silica sands production by oxalic acid leaching[J]. Industrial and Engineering Chemistry Research, 1999, 38: 4443-4448.

[266] Pokrovski G S, Schott J. Experimental study of the complexation of silicon and germanium with aqueous organic species: Implications for germanium and silicon transport and Ge/Si ratio in natural waters[J]. Geochimica Cosmochimica Acta, 1998, 62(21-22): 3413-3428.

[267] Chenakin S P, Szukiewicz R, Barbosa R, et al. Surface analysis of transition metal oxalates: Damage aspects[J]. Journal of Electron Spectroscopy and Related Phenomena,

2016, 209: 66-77.

[268] Ni L, Wang L, Shao B, et al. Synthesis of Flower-like Zinc Oxalate Microspheres in Ether-water Bilayer Refluxing Systems and Their Conversion to Zinc Oxide Microspheres [J]. J. Mater. Sci. Technol, 2011, 27(6): 563-569.

[269] Weast R. C. Handbook of Chemistry and Physics[M]. Boca Raton CRC Press, Inc, 1976.

[270] Bennett P C. Quartz dissolution in organic - rich aqueous systems [J]. Geochimica Cosmochimica Acta, 1991, 55: 1781-1797.

[271] Everest D A. Studies in the chemistry of quadrivalent germanium. Part III. Ion-exchange studies of solutions containing germanium and oxalate. J. Chem. Soc, 1955, 84(18): 4415-4418.

[272] Taxiarchou M, Panias D, Douni I, et al. Removal of iron from silica sand by leaching with oxalic acid[J]. Hydrometallurgy, 1997, 46: 215-227.

[273] Kumbasar R A. Extraction and concentration study of cadmium from zinc plant leach solutions by emulsion liquid membrane using trioctylamineas extractant [J]. Hydrometallurgy, 2009, 95: 290-296.

[274] Li Y X, Cui C W, Ren X, et al. Solvent extraction of chromium(VI) from hydrochloric acid solution with trialkylamine/kerosene [J]. Desalination and Water Treatment, 2015, 54: 191-199.